文学修养丛书

WENXUE XIUYANG
CONGSHU

世界科技简史

本书编写组◎编

世界图书出版公司
广州·北京·上海·西安

图书在版编目（CIP）数据

世界科技简史/《世界科技简史》编写组编．—广州：广东世界图书出版公司，2009.11 （2024.2 重印）

ISBN 978－7－5100－1225－9

Ⅰ．世… Ⅱ．世… Ⅲ．自然科学史－世界－青少年读物 Ⅳ．N091－49

中国版本图书馆 CIP 数据核字（2009）第 204876 号

书　　名	世界科技简史 SHIJIE KEJI JIANSHI
编　　者	《世界科技简史》编写组
责任编辑	鲁名琰
装帧设计	三棵树设计工作组
出版发行	世界图书出版有限公司　世界图书出版广东有限公司
地　　址	广州市海珠区新港西路大江冲 25 号
邮　　编	510300
电　　话	020-84452179
网　　址	http://www.gdst.com.cn
邮　　箱	wpc_gdst@163.com
经　　销	新华书店
印　　刷	唐山富达印务有限公司
开　　本	787mm×1092mm　1/16
印　　张	10
字　　数	120 千字
版　　次	2009 年 11 月第 1 版　2024 年 2 月第 13 次印刷
国际书号	ISBN　978-7-5100-1225-9
定　　价	48.00 元

前言

科学是人类改善生存条件的动力源，科学家正是这个推动社会前进的动力源的开拓者，科学史就是由这些人类的优秀儿女所书写的。让孩子们就了解了解伟大的科学家们对真理不懈追求的精神和他们严谨的科学态度，不仅能增加青少年对科学的兴趣，更能激发他们勤奋学习的信心，这对青少年的成长是非常有益的。

通过本书，能让青少年了解到：

1．科学上的成功不是一蹴而就的，科学的道路是漫长而曲折的，科学的发展受到各种因素的限制和阻碍。这里有人为原因：有些旧势力、保守派会阻碍科学前进的脚步，也有历史原因：在宗教势力横行的中世纪，科学受到了摧残，科学家受到迫害，科学的脚步不仅未能前进，反而向后倒退；还有对科学的认识存在不足：中国的五千年文明在古代就非常发达了，而在宋代以后因为科学没有受到足够的重视，以至于在近代饱受外国列强的欺凌……

2．科学与伪科学的斗争，经过了血与火的洗礼："火不能把我征服"的布鲁诺、为真理而献出了宝贵生命的塞尔维特……他们为科学执著一生的精神值得我们每一个人学习。

3．科学成果是勤奋与汗水换来的，科学家为之奉献了全部心血。爱迪生曾说过："天才就是百分之一的灵感加上百分之九十九的汗水。"牛顿说："天才就是勤奋，勤奋，再勤奋。"成功不是凭侥幸获得的，而是要一步一个脚印地去努力。只有打下坚实的基础，才能在科学上有所收获。

4．获得科学上的成功还要善于学习。历史上每一位科学家都是善于利用前人的经验，有"站在巨人的肩膀上"的牛顿，也有"知识就是力量"的培根……通过了解科学史，能让年轻人体会到，只有善于利用前人的经验及成果，才能事半功倍。年轻人之所以要努力地学习各门功课，就是要更好地用先人的智慧和经验来改造我们的生存环境。

5. 进行科学研究要善于观察与思考，敢于怀疑一切，从细微之处发现问题。通过对科学史的了解，年轻人要认识到真理不是绝对的，对真理的理解是随着时间的发展不断加深的，在一种状况下正确的认识而在另一种状况下却不一定是正确的，所以我们在学习中不能生搬硬套，要灵活地运用所学的知识。

本书是一部有益于青少年成长的科普读物。书中主要介绍了那些对人类历史进程有着重要影响的科学家及他们的发明发现，但还有许多的科学家没有列入本书之中，这并非是他们对科学的贡献不大，而是受篇幅所限。

进入 21 世纪后，科学有了极大的发展，广大的青少年有了前所未有的好机会、好环境，所以更要珍惜好时光，了解和掌握科学发展的历程，从中吸取经验与教训，努力学习，为个人的成长与祖国的未来建设打下坚实的基础。

目录

古埃及文明

古美索不达米亚文明

古印度文明

中国古代文明

古希腊文明

科学的革命

近代天文地理学的发展

物理学的发展

电磁学的发展

化学的发展

生物和医药学的发展

数学的发展

原子学的发展

技术的革命

目录 CONTENTS

古埃及文明

古埃及的天文历法已经非常精确了，现在世界上通用的历法——公历，人们一般称为“西历”。其实，这种历法并非产生于西方，而是产生于6000多年前的古埃及……

金字塔被列为世界七大奇迹之首。如此巨大的建筑物，古埃及人是用什么器械、什么方式建造的呢？这一直是个难解的谜。人们只能从考古发现中，惊叹古埃及人民的伟大……

通过木乃伊可以窥见古埃及生理学和解剖学的发展状况……

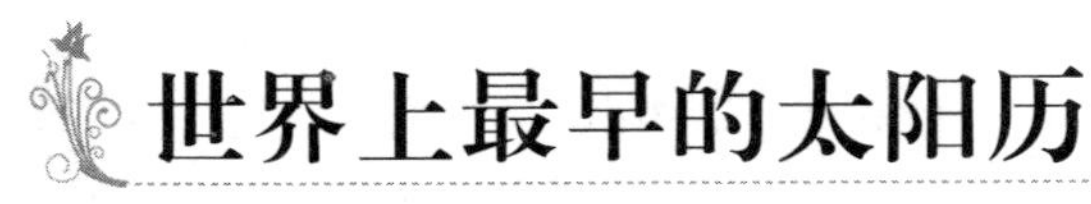

世界上最早的太阳历

现在世界上通用的历法——公历，人们一般称为“西历”。其实，这种历法并非产生于西方，而是产生于6000多年前的古埃及。

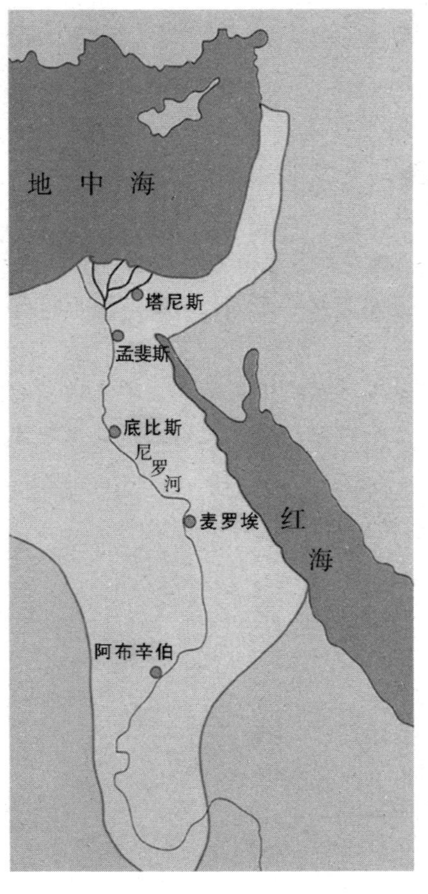

法老统治下的埃及（公元前840年）

古埃及气候炎热、雨水稀少，但是农业生产却很发达，这与尼罗河的定期泛滥有着密切的关系。埃及的大部分国土都是沙漠，只有尼罗河流域像一条绿色的缎带从南到北贯穿其间。直到现代，埃及有95%以上的人口都集中在这条绿色的缎带中。因此，在古希腊时代，西方人便把埃及称为“尼罗河送来的礼物”。古代埃及人同中国人将黄河当做母亲河一样，也将尼罗河视为母亲河。

尼罗河全长6648公里，同亚洲的长江、南美洲的亚马孙河和北美洲的密西西比河并称为世界最长的河流。

在埃及境内，尼罗河于每年6月开始涨水，7～10月是泛滥期。这时，洪水挟带着大量腐殖质，灌满了两岸皲裂的农田。几个星期后，当洪水退去时，农田里就留下了一层肥沃的泥，这等于上了一次肥。古埃及人在11月进行播种，第二年的3～4月收获。尼罗河还有一个特性，那就是每年的涨

水基本是定时定量，虽有一定的出入，但差别不是太大，从没有发生过洪水滔天淹没一切的大灾。这就为古埃及人最早创建大规模的水利灌溉系统和制定历法提供了方便。

古埃及人为了不违农时、发展农业生产，逐渐认识到必须掌握尼罗河泛滥的规律，准确地计算时间，这就需要有一种历法。他们在长期的生产实践中积累了许多经验。

古埃及的田间耕种

古埃及人发现尼罗河每次泛滥之间大约相隔 365 天。同时，他们还发现，每年 6 月的某一天早晨，当尼罗河的潮头来到今天的开罗城附近时，天狼星与太阳正好同时从地平线升起。以此为根据，古埃及人便把一年定为 365 天，把天狼星与太阳同时从地平线升起的那一天定为一年的起点。一年分为 12 个月，每月 30 天，年终加 5 天作为节日，这就是埃及的太阳历。

埃及的太阳历将一年定为 365 天，与地球围绕太阳公转一圈的时间（回归年）相比较，只相差 1/4 天，这在当时已经是相当准确了。

金字塔

古埃及奴隶制社会时期的统治者在历史上被称为“法老”，他们的陵寝即金字塔。古代埃及人对神有着虔诚的信仰，他们把来世看作是尘世生活的延续。受这种“来世观念”的影响，古埃及人活着的时候，就诚心倍至、充满信心地为死后做准备。每一个有钱的埃及人在生前都会忙着为自己准备坟墓，并用各种物品去装饰它，以求死后获得永生。大多法老或贵族会花费几年，甚至几十年的时间去建造坟墓，还命令匠人以坟墓壁画和木制模型来描绘他们死后要继续从事驾船、狩猎、欢宴的活动，以及仆人们应做的活计等等，使他们能在死后同生前一样生活得舒适、如意。

古埃及金字塔经历了民族的毁灭、帝国的崩溃、时间的侵蚀

古埃及金字塔位于尼罗河西岸、开罗西南，大约建于公元前 27 世纪，是古代埃及安葬国王（即法老）和王后的陵墓。古埃及人认为，人死后可以再次托生，所以他们将国王的尸体制成不会腐烂的干尸，即木乃伊，安放在陵墓里。金字塔的规模宏大，从四面看都呈等腰三角形，颇似汉语中的“金”字。埃及迄今已发现 80 座金字塔，其中最大的 3 座分别是胡夫金字塔、哈夫拉（胡夫之子）金字塔、孟考拉（胡夫之孙）金字塔。

基沙的狮身人面像及一位法老的金字塔（公元前 2580 年，埃及）

胡夫金字塔被列为世界七大奇迹之首。自胡夫金字塔建成至1889年的4000多年中，它一直是世界上最高的建筑物。它的底边原长230米，原高146.5米，塔的底角为51°51′。整个金字塔坐落在一块巨大的凸形岩石上，占地约52900平方米，体积约260万立方米。据统计，此塔由230万块石块砌成，由10万名民工费时30年建成。外层石块约115000块，平均每块重2.5吨。石块间的接缝处不用任何黏合物，却能严密得连锋利的刀片也插不进去。塔内结构复杂，有甬道、石阶、庙堂、墓室并饰以壁画、雕刻等艺术品。

如此巨大的建筑物，古埃及人是用什么器械、什么方式建造的呢？这一直是个难解的谜。迄今为止，人们尚未发现任何相关的设计图纸和文字资料。人们只能从考古发现中越来越惊叹古埃及人民的伟大。

木乃伊医药

木乃伊就是通过涂敷香料得以保存下来的尸体。

古埃及人相信人的生命在死后还会继续。因此，他们对死后保存尸体和对生前保持良好、健康的身体同等关切。制作木乃伊是古埃及特有的传统，也是古埃及文明留给后世的一份特殊的遗产。

塞索斯特三世（埃及）

古埃及人没有为后人留下有关木乃伊的制作方法的记载。经过后人的研究和化学分析得知，木乃伊的制作主要是采用埃及某些地区，特别是奈特龙洼地出产的氧化钠使尸体完全干燥。制作木乃伊的全过程长达70天，且费用昂贵，除需要各种药品、香料避邪物、护身符

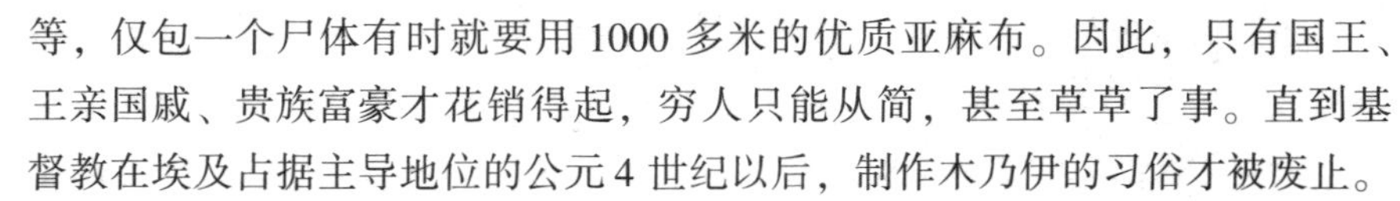

等，仅包一个尸体有时就要用1000多米的优质亚麻布。因此，只有国王、王亲国戚、贵族富豪才花销得起，穷人只能从简，甚至草草了事。直到基督教在埃及占据主导地位的公元4世纪以后，制作木乃伊的习俗才被废止。

古埃及专门有一批人以制作木乃伊为职业，他们所掌握的技术代代相传。在古埃及，制作木乃伊，生产与此有关的必需品，无疑形成了相当重要、规模又颇大的行业系统。这一行业的存在，表明古埃及人已经掌握了物理、化学、医学等多方面的知识。他们用作干燥剂的氧化钠，经现代科学分析，乃是碳酸钠、盐等的混合物，可见这些物质的化学作用在当时已为人知。

古埃及人制作木乃伊的习俗，给了他们了解人体构造的机会。这对古埃及的医学，特别是生理学和解剖学的发展具有重要影响。这种习俗，加上有利的气候条件，使数以百计的尸体保存了数千年。通过这些木乃伊，专家们不光可以准确地推测出他们的年代，而且还可以了解当时人们的身体情况和疾病流行的情形。

坦卡蒙（埃及法老）的金面具

制作木乃伊时保存内脏的壶

古美索不达米亚文明

古希腊人把两河流域叫做美索不达米亚，是人类历史上最古老的文明之一。古代两河流域的天文历法知识直接影响了欧洲的天文学……

古代苏美尔人和巴比伦人使用的楔形文字是世界上最古老的文字之一……

巴比伦是古代两河流域地区最壮丽、最繁华的都城，在5000多年前，人们能建起一座如此巍峨、雄伟的通天塔，实在是人间的一大奇迹……

远古时代，古巴比伦人已经积累了一定的数学知识，并能应用于解决实际问题……

古美索不达米亚文明

发源于底格里斯和幼发拉底两河流域的古代文明，是人类历史上最古老的文明之一。古希腊人把这两河流域叫做美索不达米亚，意思是“两河之间的地方”，相当于今天的伊拉克一带。

两河流域文明时期最早的居民是苏美尔人，他们在公元前 4000 年以前就来到了这里。此后，巴比伦人继承和发展了苏美尔人的成就，使两河流域的文明成为人类文明史上重要的一页。因此，两河流域的文明又被称为巴比伦文明。

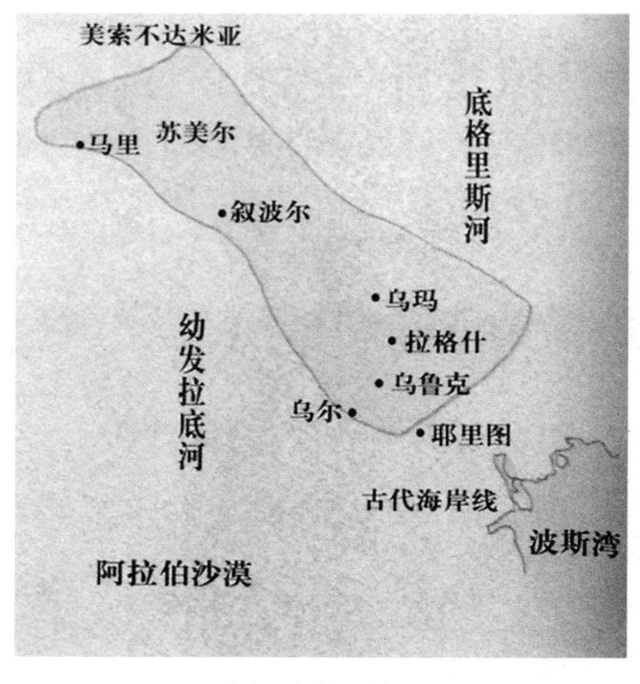

美索不达米亚城市图

大约在5000年前，古代两河流域的居民就会制作陶器了。他们制作的陶器主要是彩陶，色彩富丽夺目。有趣的是，当时人死后用的棺椁也用陶土烧制，形状像个有盖的长方形大箱。

古代两河地区的金属制造工艺达到了相当纯熟的水平。我国商代有司母戊大方鼎，大约在同一时期，两河流域有重约2吨的青铜铸像。当时的手工业行业有很多，如制砖、织麻、刻石、珠宝、皮革、木业等。

很早在两河流域文明时期就有了文字，这就是著名的楔形文字。在人类早期文字中，它是发展得比较完备的一种。

两河流域在文学上的主要成就是谚语、神话和史诗，这反映了当时的社会矛盾和社会风气。谚语如“穷人死掉比活着强”、“想吃肉就没有羊了，有了羊就吃不上肉了”、“妻子是丈夫的未来，儿子是父亲的靠山，儿媳是公公的克星”、“鞋子是人们的眼睛，行路增长人的见识”等。《圣经·旧约》中的一些故事也起源于古代两河流域。《吉尔伽美什》史诗是古代两河流域最有名的英雄史诗，诗中塑造了一个蔑视神意、为民造福的英雄形象，并表达了人们希望获知生死秘密的愿望。《吉尔伽美什》是世界上最早的史诗。

两河流域主要的科学成就表现在数学和天文学方面。苏美尔人已经知道10进位制和60进位制，而后者在古代两河流域的应用更为广泛。我们今天度量时间用小时、分、秒以及把一圆周分为360°，这都是继承了两河流域古人的成果。他们的面积单位、重量单位也多是60进位。古希腊、罗马都采用了这里的一些重量单位，欧洲有的地方甚至一直沿用到18世纪。

古代两河流域的天文历法知识直接影响了欧洲的天文学。苏美尔人按照月亮的盈亏把一年分为12个月，共354天，同时设闰月调整阴历、阳历之间的差别。到公元前7世纪，又形成了7天一星期的制度，每天各有一位星神“值勤”，并以他命名这一天，其顺序是：

星期日：太阳神；星期一：月神；星期二：火星神；星期三：水星神；星期四：木星神；星期五：金星神；星期六：土星神。

直到今天，欧洲各国每周7天仍以这7星命名。

早在5000多年前，两河流域的人们就创造了这样发达的文明，真是令人神往。欧洲古代文明的最高成就是古希腊文化。然而，当古希腊人还没有迈进文明时代的时候，两河流域的文明就已经延续了约2000年。希腊人后来的许多成就都是在两河流域文明的基础上发展起来的。

刻在泥板上的楔形文字

现代人对古代各国的历史的了解，主要靠的是文字记述的资料。中国的汉字是世界上最古老的文字之一，已经有 6000 年左右的历史了。在世界别的地方发现的古代文字，主要有三种，埃及人在公元前 3500 年左右就使用了图画式的象形文字、腓尼基人在公元前 1000 多年发明的字母文字以及古代的苏美尔人和巴比伦人使用的楔形文字。

一块刻着祭祀场面和象形文字的石板岩条（公元前 3200 年，古美索不达米亚）

楔形文字的辨认同埃及象形文字的辨认过程极为相似。1835 年，一个偶然的机会，法国学者罗林森发现了一个三种文字的铭文，并制成了拓本。1843 年，他译解了其中的古波斯文，然后又将古波斯文与楔形文字对照，终于读懂了楔形文字，从此解开了楔形文字之谜。

原来，最古老的楔形文字是从右到左直行写的。因为书写不便，后来就把字形侧转 90°改成从左到右的横行。楔形文字是苏美尔人发明的，早在公元前 4000 年，他们在开发两河流域的同时，也创造了这种文字。

最先，这种文字是象形的。如果要表示复杂的意义，就用两个符号合在一起，例如，“天”加“水”就是表示“下雨”；“眼”加“水”就是表示“哭”等。后来又发展成可以用一个符号代表多种意义，例如，“足”又可表示“行走”、“站立”等，这就是表意符号。再到后来，一个符号也可以表示一个声音，例如，“星”这个楔形字，在苏美尔语里发“嗯”音，如果用来表示发音的话，就与原来的“星”字的含义没有关系了，只表示发音，这就是表音符号。

为了表示有关的楔形字应该表示什么意思和发什么音，苏美尔人又发明了部首文字。比如，如果在一个人的名字之前加上一个特殊符号，就表示这是一个男人的名字。

当时的苏美尔人还不懂得造纸，他们用黏土做成长方形的泥板，用芦苇杆或木棒削成三角形尖头在上面刻字，然后把泥板晾干或者用火烤干。这就是后来人们所说的泥板书。到现在为止，人们在两河流域已经挖掘出了几十万块这样的泥板书。

由于苏美尔人用的是芦苇杆或木棒削成的、尖头呈三角形的“笔”，落笔处印痕较为深宽，提笔处较为细狭，后来人们就把两河流域的这种古文字称为楔形文字。

楔形文字后来流传到亚洲西部的许多地方，它为人类文明作出过重大的贡献。公元前 2007 年，苏美尔人的最后一个王朝衰亡之后，巴比伦王国把这份文化遗产继承了过来，并且有了更大的发展。

楔形文字

巴比伦的空中花园

巴比伦是古代两河流域地区最壮丽、最繁华的都城，巴比伦古城有内、外两道城墙。城里最壮观的建筑物，就是尼布甲尼撒王宫和著名的空中花园以及那座巴别通天塔。

巴比伦城墙的厚度，可以让一辆4匹马拉的战车转身。城墙长达16公里，每隔一段距离就有一座城楼。城墙的两端起于幼发拉底河畔，河对岸是巴比伦的新城区，一座大桥横跨于幼发拉底河，使新城区跟主城区连在一起。所以，这座城墙不仅是巴比伦人用来抵御敌人的主要屏障，而且也是一道保护巴比伦古城不受河水泛滥之害的可靠堤防。巴比伦古城有100座铜制的城门，因此希腊大诗人荷马又把巴比伦古城称为“百门之都”。

巴比伦古城的大门叫典礼门，高4米多、宽2米左右。门的上部是拱形结构，两边与残存的城墙相连，门洞两边的墙上有黄、棕两色琉璃砖制成的雄狮、公牛等图像。这座城门建筑得十分牢固，在千百年风雨的侵蚀下，古城与城墙已坍塌无存，唯独这座城门依然完好如初。

穿过城门是一条广阔大道，上面铺着灰色和粉红色的石子，大道两旁的残墙上现在还留着清晰可见的雄狮、公牛等图像。尼布甲尼撒王宫位于大道西边，而被人们称为世界七大奇迹之一的空中花园，就在这座王宫的东北。

巴比伦空中花园

赫赫有名的巴别通天塔耸立在大道的北面。“巴别”这个词是巴比伦文，意思是“神的大门”。新巴比伦王国建立后，尼布甲尼撒二世下令重建通天塔。尼布甲尼撒下令重建的巴别通天塔共有7层，总高90米，塔基的长度和宽度各为91米左右。在高耸入云的塔顶上，还建有壮观的供奉马都克主神的神殿，塔的四周是仓库和祭司们的住房。在5000多年前，人们能建起这样一座如此巍峨、雄伟的通天塔，实在是人世间的一大奇迹。遗憾的是，巴别塔如今剩下的仅仅是一块长满了野草的方形大地基的残迹了。

古巴比伦对数学发展的贡献

巴比伦人首先把数学应用到商业上。巴比伦位于古代贸易的通道上，适于商品交换、发展经济。他们用简单的算术和代数知识来表示长度和重量、兑换钱币和交换商品、计算单利和复利、计算税额以及分配粮食、划分土地和遗产。

巴比伦人很早就把数学应用到兴修水利上。他们应用数学知识计算挖运河、修堤坝所需的人数和工作日数。此外，他们还把数学应用到测定粮仓和房屋的容积、修筑时所需用的砖数等。

巴比伦人也很早就把数学应用于天文研究。他们在亚述时代（公元前700年左右）开始用数学解决天文学的数学问题，在公元前3世纪之后，用数学知识来计算月球和行星的运动，并通过记录的数据确定太阳和月球的特定位置和亏蚀时间。

巴比伦人从远古时代开始，已经积累了一定的数学知识，并能应用于解决实际问题中：

（1）巴比伦人能够解一元一次方程、一元二次方程和一元三次方程。在实际问题中，也能通过算术的方法解二元一次方程组；

（2）在几何方面，巴比伦人认识到了关于平行线间的比例关系和毕达哥拉斯定理。会求简单的几何图形的面积和体积，并建立了在特定情况下的底面是正方形的棱台体积公式；

（3）在记数法上，有了位值制的观念，但似乎没有表示零的方法；

（4）在天文学方面，他们已有了一系列的长期观察记录，并且已经发现许多准确性很高的天文学周期，尽管这种工作还缺乏一定的科学性。

总之，巴比伦人虽然对数学的各个领域都有一定的贡献，但是在对圆面积的度量上比不上埃及，他们常取 $\pi=3$。此外，在古巴比伦产生数学各种基本概念的同时，假科学也得到了发展，如宣扬星相术和数的神秘论，这阻碍了数学的发展。

古印度文明

在引进印度和希腊的数学的基础上，古代阿拉伯人创造了有自己特色的数学，特别是代数。阿拉伯人学习古代印度的10进位制，把自1到0的10个数码符号改造成便于书写的阿拉伯数字，给计数和运算带来了方便……

10 进位制

在引进印度和希腊的数学的基础上，古代阿拉伯人创造了有自己特色的数学，特别是代数。

阿拉伯人学习古代印度的 10 进位制，把自 1 到 0 的 10 个数码符号改造成便于书写的阿拉伯数字，给计数和运算带来了方便。

阿拉伯著名的数学家是花拉子密（约 780～850 年），原名伊本·穆萨，他的算术和代数学的著作很早就流传到了欧洲，欧洲人主要是从他那里学会了使用阿拉伯记数法。花拉子密闻名于世的专著是《还原与对消》，他通过这本书将印度的算术和代数介绍给了西方，成为今天全人类的共同财富。《还原与对消》记述了 800 多个代数问题，共分为三个部分，第一部分是关于一次和二次方程的解法，第二部分是实用测量计算，第三部分是用代数方法解决遗产分配问题。拉丁语中的“代数学”一词就是从这部著作的名称演化而来的。

此外，阿拉伯人在三角学方面也颇有建树。天文学家巴塔尼在他的著作中引入了余切函数，并造出了从 1°～90°之间相隔 1°的余切表，他还得出了球面三角的余弦定律。

阿拉伯人成功地引进了印度的数学系统，并在代数方面有所建树，但他们的数学主要还是通过文字表述，缺少代数符号，这一点与他们重实际应用、轻视逻辑推理和演绎证明有关系，这也是东方数学的共同特点。

中国古代文明

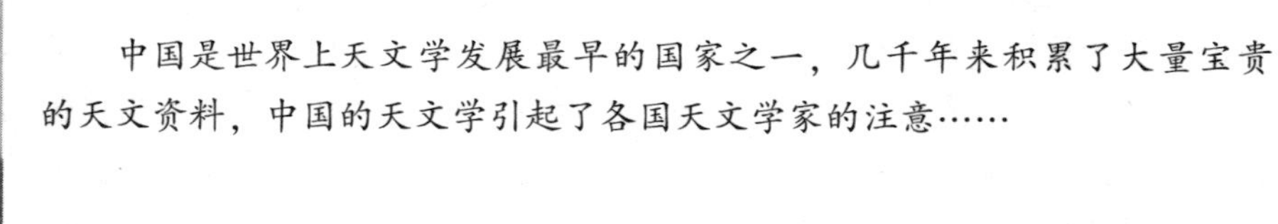

中国是世界上天文学发展最早的国家之一，几千年来积累了大量宝贵的天文资料，中国的天文学引起了各国天文学家的注意……

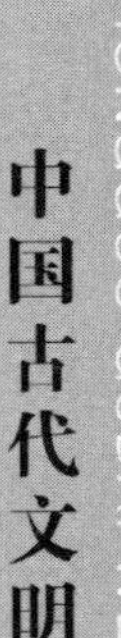

中国古代的天文学和历法

中国是世界上天文学发展最早的国家之一，几千年来积累了大量宝贵的天文资料，这引起了各国天文学家的注意。

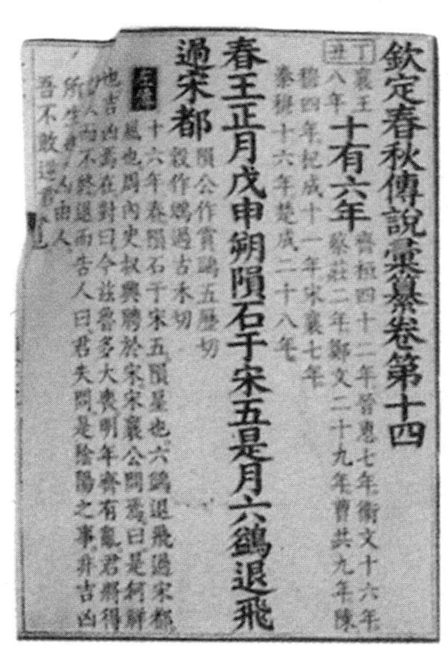

欽定春秋傳說彙纂卷第十四

丁丑 襄王八年 鬱四年杞成十一年 秦穆十六年楚成二十八年 十有六年 齊桓四十二年晉惠七年衛文十六年 蔡莊二年鄭文二十九年曹共九年陳 宋襄七年

春王正月戊申朔隕石于宋五是月六鷁退飛過宋都

隕公作實鷁五歷切 穀作鶂過古禾切

左傳 十六年春隕石于宋五隕星也六鷁退飛過宋都風也周內史叔興聘於宋宋襄公問焉曰是何祥也吉凶焉在對曰今茲魯多大喪明年齊有亂君將得諸侯而不終退而告人曰君失問是陰陽之事非吉凶所生也吉凶由人吾不敢逆君故也

《春秋》中关于哈雷彗星的描述

中国在传说中的帝尧（约公元前 24 世纪）的时候就已经有了专职的天文官司，从事观象授时。那时一年分为 366 天，分为四季，用闰月来调整月份和季节。这些都是中国历法（阴、阳历）的基本内容。

春秋时期（公元前 770 ~ 前 476 年），中国天文学已经处于从一般观察到数量化观察的过渡阶段。记录这一段历史的《春秋》和《左传》，都载有丰富的天文资料。从鲁隐公元年（公元前 722 年）到鲁哀公十四年（公元前 481 年）的 242 年中，记录了 37 次日衰，现已证明其中有 32 次是可靠的，这是世界上最早的天象记录。当时还有天琴座流星的最早记载，也有世界上关于哈雷彗星的最早记录。

随着观测资料的积累，战国时期已有天文学的专门著作，齐国的甘公（甘德）著有《天文星占》八卷，魏国的石申著有《天文》八卷。

和春秋时期天文学相联系的是历法，到春秋后期，采用的历法是一年为 365 日，19 年 7 闰，这种历法叫古四分历。古四分历比真正的年长度每年多11分钟。欧洲古罗马人在公元前43年，即比中国晚500年的时候才知道采用古四分历。由于农业生产的需要，在春秋战国时期，还逐步形成了二十四节气的划分，平均15天设置一个节气，这是中国古代的独特创造。它告诉人们太阳移到黄道上二十四个具有季节意义的位置的日期，几千年来对中国农牧业的发展起了重要作用。

刘徽注解《九章算术》

刘徽（225～295）

刘徽，中国数学家。

中国古代的数学著作相传有10种，称为“算经十书”。其中最重要的一种是《九章算术》，全书分九章。

刘徽在数学上的主要成就之一就是为《九章算术》做注解，于魏景元四年（公元263年）成书，名《九章算术注》，共九卷。对《九章算术》中的大部分算法一一给出理论上的论证，特别是创立割圆术来计算圆周率的方法，含有极限观念，这不仅开创了中国圆周率研究的新纪元，在世界数学史上也是一项重大成就。他正确地计算出圆内接正192边形的面积，并得出圆周率的近似值为157/50（约3.14）。在此基础上，他又进一步算出圆内接正3072边形的面积，得到圆周率的近似值为3927/1250，等于现在通常计算中所规定的π值，即3.1416。

刘徽对数学的贡献是多方面的，他对求弧田面积、圆锥体积、球体积、十进分数、解方程等问题都有创见。

巧戏贪心财主

从前，有一位贪心的财主找到刘徽，求他帮忙，财主说：“我有一口圆形的池塘，现在我想把它租出去，能不能请您帮忙计算一下这口池塘有多大?”

刘徽痛快地回答:“当然可以。不过,你是想让你的池塘的亩数大一些还是小一些呢?”

财主一听还有这种好事,连忙说:“大一些好,大一些好。大了我就可以多收租金了!”

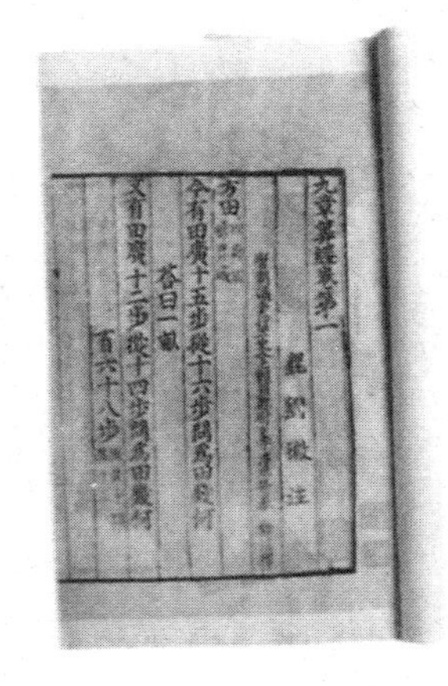
九章算經卷第一
魏 劉徽 注
方田
今有田廣十五步從十六步問爲田幾何
荅曰一畝
又有田廣十二步從十四步問爲田幾何
百六十八步

《九章算术》书影

于是刘徽告诉他,尽量把这个池塘画成多边形,边数越多,池塘的亩数就越大。

财主迫不及待地依计行事。第二天一早,他就跑来告诉刘徽,他画出了12边形,并量出了每边的长度。刘徽马上给他算出了池塘的亩数。第三天,财主又画出了24边形,刘徽一算,果然亩数比前一天多了些,财主就更高兴了。过了几天,他又画出了96边形,刘徽算出的亩数又大了一些。

这样,贪心的财主为了让他的池塘的面积不断扩大,就不停地量呀、画呀,忙得不亦乐乎。而事实上,这个池塘的实际面积要比财主画出的任一多边形的面积都大。

其实,这故事讲的就是刘徽独创的割圆术。

所谓的割圆术,就是在圆内做内接正多边形,然后通过计算多边形的面积来求得该圆的近似面积,并计算出圆周率的近似数值。

发明“割圆术”

有一天,刘徽来到一个打石场散心。他看到一群石匠在加工石料。石匠们接过一块四四方方的大青石,先斫去石头的4个角,石头就变成一块八角形的石头,然后再斫掉8个角,石头变成了16角形。这样一斧一凿地敲下去,一块方石就在不知不觉中被加工成了一根光滑的圆石柱了。

刘徽看呆了。突然间,脑子里灵光一闪,他赶紧回到家里,立刻动手在纸上画了一个大圆,然后在圆里面画了一个内接正六边形,用尺子一量,六边形的周长正好是直径的3倍。然后,他又在圆里面画出内接正12边形、24边形、48边形……他惊喜地发现,圆的内接正多边形的边数越多,它的周长就和圆的周长越接近。最后,他把这种求圆周率的办法称为“割圆术”。

利用割圆术，刘徽算出了圆的内接正 192 边形的周长是直径的 3.14 倍，即 157/50。

157/50 是人类历史上第一次所求得的比较准确的 π 值。后来，人们为了纪念刘徽的功绩，就把这个 π 值称作“徽率”。

祖冲之与圆周率

祖冲之（429～500）

祖冲之，字文远，南北朝范阳人，中国数学家、天文学家。

祖冲之的父亲对天文历法有所研究，祖冲之从小就爱好天文历法，并经常观测和记录日月星辰的运行情况，曾历任南徐州从事史、公府参军、娄县令、长水校尉等职。

祖冲之在数学方面有很大成就，对圆周率的计算十分精确，其值在 3.1415926 和 3.1415927 之间，比现在通常计算中所规定的 3.1416 要精确得多。

祖冲之把圆周率的近似值 22/7 称为约率，并首先提出另一个圆周率的近似值 355/113，称为“密率”（日本数学家称为“祖率”），比欧洲一些数学家早提出 1000 多年。

祖冲之编制了一部新历法，叫《大明历》，首次求出历法中通常称为交点月的日数为 27.21223 日，与近代测得交点月的日数 27.21222 日极为近似。

祖冲之在机械制造方面也有贡献，曾改造过指南车，制造了水碓磨、千里船等。

爱探索的祖冲之

小时候，祖冲之最喜欢在晴朗的夜空中数星星，观察星空的变化。他常常问爷爷：“天空中的北斗星为什么一直旋转个不停呢？它怎么一会儿向

东，一会儿又向南？”“怎么月亮一会儿弯弯的像镰刀，一会儿又圆圆的像银盘？”面对祖冲之永远问不完的问题，身为朝廷中掌管建筑工程官员的爷爷总是不厌其烦地解释给他听。

有一年的8月29日，天空中出现了日食。当时人们并不了解日食是怎么回事，都争先恐后地涌到户外去观望，还有很多迷信的说法。

虽说祖冲之还是个少年，但他已经懂得不少的天文知识。他一边观察日食，一边进行思考，日食只有在初一的时候才会出现，可今天才廿九，怎么提前了呢？会不会是历书出了差错？

从此以后，祖冲之着手将历法推算出的节气同实际看到的天象进行对比。种种迹象表明，当时的历法并不严密，必须重新制定。

“历法如果不准确，就要误大事的，有错就得改。”

凭着坚定的科学信念，祖冲之开始了重修历法的艰苦劳动。

白天，他测太阳的影子；夜晚，他观看星宿的移动。当时并没有先进的运算工具，只有一大堆被称做“算筹”的小竹签。碰到稍大一些的数字运算，那些小竹签就要摆上一大堆。但是，祖冲之没有被难倒。

终于在他33岁那年，祖冲之编成了一部崭新的历法——《大明历》。

为真理而斗争

《大明历》编成以后，祖冲之上表给宋孝武帝，请求他颁布推行。宋孝武帝命令主管天文历法的宠臣戴法兴进行审查。戴法兴的思想顽固保守，他反对改革历法，极力反对《大明历》。

戴法兴摆出一副权威的架势说：“日月星辰的运动，有时快，有时慢，是变幻莫测的。”

祖冲之胸有成竹地说：“其实这些快慢变化并不神秘，通过观测研究，是完全可以推算出来的。”

理屈的戴法兴却蛮横地宣称：“历法是古人制定、代代相传下来的，万世也不能更改，即使有差错，也应该永远照用！”

“我们绝不能盲目迷信古人！”祖冲之理直气壮地反对说，“明明知道旧历法有错误，还要照用，这岂不是错上加错？！”

面对祖冲之有理有据的争辩，戴法兴恼羞成怒了，他拍着桌子威胁说：

“谁如果改动现有历法，谁就是亵渎上天，叛祖离道！”

“请不要用空话吓人。”祖冲之义正词严地说，“你如果有事实根据，尽管拿出来，空话是吓不倒我的！”

虽然辩论以戴法兴失败而告终，但是他有权有势，朝廷中的人谁也不敢得罪他，所以《大明历》没有被通过。直到510年，由于许多天文观测事实一再证明了《大明历》的正确，《大明历》才得到正式推行。令人遗憾的是，这时候祖冲之已经去世10年了。

张衡与天文学

张衡（78～139）

张衡，字平子，东汉南阳人，中国天文学家。

张衡曾两任主管天文的太史令，精通天文历算，对中国天文学的发展作出了巨大贡献。

张衡第一次正确解释月食成因，认为月食是由于月球进入地影中而产生的。他指出月亮本身不发光，是受了太阳照射才反射出光来的；还根据太阳在天空运行的规律，解释冬天昼短夜长、夏天昼长夜短的道理。张衡总结了当时的天文知识和自己的研究成果，写成《灵宪》一书，记录了2500颗星，并画出中国第一张完备的星图。在该书中，他明确提出了“宇之表无极，宙之端无穷”，不但认识到宇宙无限性，而且还认识到行星运动的快慢和距离地球的远近有关。

张衡创制世界上最早利用水力转动的“浑象”，也叫“浑天仪”，即测定天体位置的一种仪器，构造精细，所示的星图和天空实际情况一样。

张衡创制世界上第一架观测气象的仪器，叫“相风铜鸟”，比欧洲出现类似的仪器早1000多年。

张衡还创制了世界上第一架测定地震方向的仪器，叫“地动仪”，制成不久便测出公元138年在洛阳西方的陇西发生的、连洛阳人也未感到的一次地震。可见，它的灵敏度相当高。

张衡对数学也有研究，他算出圆周率3.1466和3.1622两个数值，虽不够精确，但比印度、阿拉伯数学家算出同样结果约早500年。

张衡还是一位文学家，他所写的《东京赋》、《西京赋》、《归田赋》、《四愁歌》、《同声歌》等在中国文学史上都较著名。

发明浑天仪

张衡为了更好地解释“浑天说”，同时也是为了掌管天文历法工作的需要，他决定制造一个新型的天体模型“浑天仪”，以此来显示天象的实际面貌。

浑天仪是以一个直径约1.18米的空心铜球代表天球，上面画有二十八宿、中外星官、互成24°交角的黄道和赤道等，黄道上又标有二十四节气。紧附于天球外的有地平环和子午环等。天体半露于天平环之上，半隐于地平环之下。天轴则支架在子午环上，天球可绕天轴转动。同时，又以漏壶流出的水做动力，通过齿轮系统的转动和控制，使浑天仪每天均匀地绕天轴旋转一周，从而达到自动地、近似正确地演示天象的目的。

此外，水运浑象还带有一个日历，能随着月亮的盈亏演示一个月中日期的推移，相当于一个机械日历。

在一个天气晴朗的夜晚，张衡把许多对天文有兴趣的官员请到他的官邸来，参观试验他新铸成的浑天仪的运行情况。

张衡让一部分官员到户外观察天象，同时又请另一部分人留在屋内观察浑天仪。这时，满天星斗，皓月当空。一会儿，屋里的官员高声喊着某颗星出现、某颗星在空中什么位置、某颗星不见，报告的情况竟和室外所观察到的一模一样。

到场的官员们不由得信服地赞叹：“这浑天仪真是巧夺天工啊！”

发明地动仪

公元119年，洛阳和附近42个郡发生了一场大地震，张衡亲眼看到无数的房屋倒塌、土地陷裂，百姓死伤者不计其数。惨不忍睹的情景大大刺激了张衡，他发誓道：“我一定要制成一种能够测报地震的仪器，让天下老

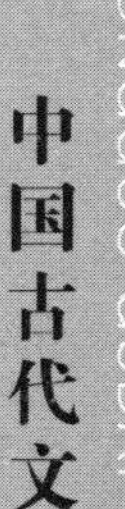

百姓少受灾害!”

公元 132 年，在他的努力下，一台能测报地震方向的仪器终于问世了。它被称作“地动仪”，是由青铜铸成，形状像个大酒坛，周围还镶着 8 条倒伏的龙，龙头朝着不同的方向。每条龙的嘴里都含着一颗浑圆的铜球；与龙相应位置的地上都各蹲着一只铜铸的蛤蟆，它们都抬头张嘴，似乎在等待着吞食龙嘴里吐出来的铜球。

地动仪

一旦哪个方向发生地震，地动仪中间的铜柱就朝哪个方向摆去，牵动横杆，把那个方向龙头的上部提起，龙嘴就会张开，从而铜球也就自动落到下面蛤蟆的嘴里。这样，人们就知道哪个方向发生了地震。

公元 138 年的一天，张衡正在书房里看书。忽然间，“当”的一声清脆的响声惊动了张衡。他跑过去一看，原来是地动仪朝西北方向的龙嘴里吐出了铜球，铜球落进了蛤蟆嘴里。

“西北方向发生地震了!”张衡心里很激动，这是他的仪器第一次起作用啊！可是，洛阳城里没有人感觉到地震，他们嘲笑张衡扰乱民心，说他瞎折腾，连一向信任他的皇帝这回也半信半疑了。

没想到，过了几天，甘肃陇西官员就派人骑马赶来向皇帝报告：“陇西子 4 天前发生了地震，灾情严重!”

这一下，整个京城轰动了。要知道，东汉的陇西距洛阳只有 500 多公里。

张衡创制的地动仪，是世界上最早的一台会测报地震方向的科学仪器，它首开人类科学测报地震的先河。在此之后的 1000 多年，欧洲人才发明了类似的地震仪。

僧一行与天文学

僧一行（683 ~727）

僧一行，中国天文学家，本名张遂，法名一行，也称僧一行，唐代巨鹿人。

僧一行博览群书，青年时就读过十分深奥的《太玄经》，并写了读书笔记。武则天称帝时，僧一行为免遭当权者迫害而在河南嵩山出家为僧，专心致力于数学和天文学的研究。712 年唐玄宗即位后，僧一行被召回长安，主持修订历法。

为了观测天象，僧一行和机械制造师梁令瓒合作设计制造了两具新的天文仪器，黄道游仪及浑天铜仪。

在僧一行的主持下，全国设立了 12 个观测站，重新测定了 150 多颗恒星位置，以证明恒星在宇宙中的位置并不是永恒不变的，这是天文学史上最早的重要发现。

僧一行的另一重大贡献是第一次测量了子午线长度，他利用自制仪器“复矩”计算子午线长度，这是世界天文学史上的创举。

通过细致的观测和计算，僧一行纠正了过去历法把全年均分为二十四个节气的错误。

在总结前人历法的基础上，僧一行经过近 10 年的努力，终于完成一部新历书——《大衍历》。这部历书比过去的历书要精确得多，是当时世界上较先进的历法。

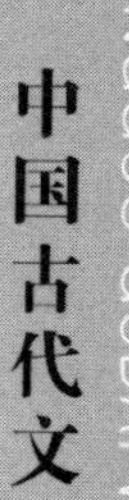

郭守敬与天文水利

郭守敬（1231～1316）

郭守敬，字若思，元代顺德（今河北邢台）人。

中国天文学家、水利学家。郭守敬的其祖父郭荣精于天文、数学，擅长水利技术。郭守敬自幼受祖父的培养，后又从刘秉忠、张文谦等学者学习天文、历法、数学、地理等，为后来的科学成就打下了基础。

郭守敬参加了元朝政府修订历法的工作。为观测天象，他制成简仪等13种天文仪器。他所制的简仪，功用与浑仪相同，但结构简单、刻度精密，且装有滚珠轴承。清代西方传教士汤若望来华，见到这一仪器赞不绝口，认为比西方进步300年，并称赞郭守敬是“中国的第谷”。

在郭守敬的组织下，当时全国设立了22个天文观测站。郭守敬利用各地所测得的数据，经过精密的计算，计算出一年为365.2425日，和地球公转的周期只差26秒，与目前世界上通用的格里历（即公历）的一年周期相同。《授时历》于1280年颁行，比格里历早300多年。

简仪（郭守敬设计）

在水利工程方面，郭守敬的贡献也很大，主要是修造了通惠河，即通州到大都（北京）的一段运河。该运河全长160多里，通航后与济州河、会通河连接，使南来船舶可直驶北京，这不但解决了运粮的问题，而且促进了南北交通，繁荣了当时的经济。

中国古代四大发明

火　药

火药是中国古代人民的伟大发明，有趣的是，它竟最先出现在炼丹方士的炼丹炉中。

从战国到西汉这一时期，有些人想长生不老，有些人贪求金银财宝。于是有人就把冶金技术运用到炼制矿物药方面，梦想炼成仙丹，或炼出更多的金银。就这样，中国古代的炼丹术产生了。

虽然长生不老没有成功，仙丹也没有炼成，但是，在炼丹的实践过程中，一件改变世界历史进程的发明渐渐地萌芽了。在炼丹过程中，人们逐步认识到硫黄的可燃性，硝石具有化金石的功能，并不断积累了有关这些原料性能的知识，为火药的发明奠定了基础。

大约在1300多年前，著名药学家孙思邈也炼过丹，他写了一部叫《丹经》的书，书里面提到了一种“内仗硫黄法”，就是将硫黄、硝石的粉末放在锅里，然后再加入点着了火的皂角子，就会产生焰火。这是至今为止最早的一个有文字记载的火药配方。这说明我国最迟在唐朝（公元618～907年）就已经发明了火药。

经过一次又一次的冒险实验，终于有人找到了恰当的比例，进一步把硝石、硫黄和木炭这三种东西混合在一起，配制成黑色粉末状的火药。后来，火药被引入军事，成为具有巨大威力的新型武器，并引起了战略、战术、军事科技的重大变革。

大约在10世纪初的唐代末年，天下大乱，军阀割据，战争频繁，火药开始在战争中使用。据史书记载，唐哀帝时期（公元904～906年），有个叫郑王番的人去攻打豫章（今江西南昌）。他命令士兵“发机飞火”，把豫章的龙沙门烧了，他自己带领一些人突击登城，身上也被烧伤。

这里面的“飞火”就是火炮。原来，古代军队打仗，距离近了用刀枪，远了用弓箭，后来还用抛石机，把大石头抛出去，打击距离较远的敌人。这抛石机就是最初的炮。

军事家使用火药后，又利用抛石机来发射火药。郑王番用的火炮，就是用火药包装在抛石机上，用火点着向敌人抛过去的。因此，史书上称为“发机飞火”。这种火炮，可以说是最早用火药制造的燃烧性武器。使用这种武器的目的，就是燃烧。从记载中来看，其燃烧的威力非常大。

初期的火药武器，主要是用于纵火。随着工艺的改进，火药的爆炸性能不断地增强，新型的火器也不断地出现。

1232 年，元兵攻打金人时，金兵曾使用一种叫“震天雷”的武器，爆炸力十分巨大。

在 13 世纪的南宋时期，新式的管形火器也出现了。它的出现，表明人类已在更高的层次上了解了火药的性能，能够更加有效地控制和操纵烈性火药。到了宋末元初，管形火器已先后用铜或铁铸制。大型的叫火铳，小型的叫手铳，已经具备了近代枪炮的雏形。

后来，火药及火药武器随着海上中外的交往和陆上蒙古军队的西征，渐次传入其他国家，从而加快了人类历史演变的进程。

指南针

中华民族很早就发明了航行的眼睛——指南针，有了它，航海、航空、勘察、探险，都迷不了路。

指南针是用什么东西做成的呢？我们的祖先又是怎样发明它的呢？

在知道了磁铁的特性之后，战国时代的人们发明一种叫做司南的磁铁指南仪器。“司”的意思是掌管，司南也就是专门掌管指示南方的仪器。司南的样子像一把汤匙，有一根长柄和光滑的圆底，把它放在一个特别光滑的地盘上以指示方向位置。

这个汤匙是用磁铁制成的，它的磁性南极那一头被雕成长柄以指示方向，它的圆底是重心所在，磨得特别光滑，放在地盘上，只要把长柄轻轻一转，静止下来后长柄所指的方向便是南方。

由于它在使用时必须配有地盘，所以也有人把它叫做罗盘。司南可以说是世界上最早出现的指南针。但由于司南是用天然的磁石磨制成的，在强烈震动和高温的情况下，磁石容易失去磁性，再加上司南在使用时还必须有平滑的地盘，这就显得很不方便。

到了北宋后期（公元11世纪），人们发现钢铁在磁石上磨过之后也会带上磁性，而且比较稳固，于是就出现了人造磁铁。

人造磁铁的发现，促成了“指南鱼”的出现，这把测方向仪器的水平又向前推进了一大步。指南鱼是用一块薄的磁化钢片制成，形状像一条鱼，它的鱼头是磁南极，鱼尾是磁北极，鱼的肚皮部分凹下去一些，使它可以浮在水面上。让浮在水面上的指南鱼自由转动，等到静止时，鱼头总是指着南方。指南鱼比起司南来，在携带和使用方面都方便多了。

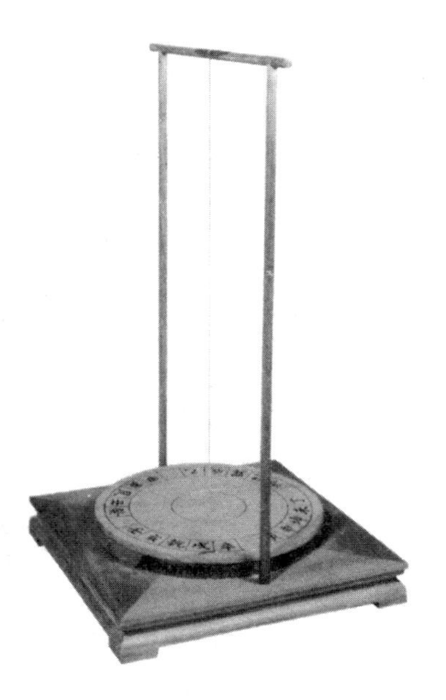
缕悬法指南针（模型）

钢片指南鱼发明不久后，人们把钢针放在磁铁上磨，使钢针变成了磁针。这种经过人工传磁的钢针，就是一直沿用到现在的指南针了。

沈括在他的著作《梦溪笔谈》中记述了指南针的四种装置方式，其一是“水浮法”，将磁针横贯灯芯草，让它浮在水面上；其二为“指甲旋定法”，把磁针放在手指甲面上，使它轻轻转动，由于手指甲面很光滑，磁针就和司南一样，旋转自如，静止后指南；其三是“碗唇旋定法”，把磁针放在光滑的碗口边上；其四为“缕悬法”，在磁针中部涂一些蜡，粘上一根细丝线，把细丝线挂在没有风的地方。这四种方法可以说是世界上指南针使用方法的最早记载。

指南针的出现为航海业提供了一件有力的工具，使人们在大海上航行时不再迷失航向、偏离航线，从而避免了大量海难事故，开创了一个人类航海活动的新纪元。宋元时期中国海外交通事业的繁盛，明初郑和七次下西洋的航海壮举，都得益于指南针的帮助。指南针传入欧洲后，更促成了欧洲近代大航海时代的到来，谱写了世界历史的辉煌新篇。

英国著名的科技史专家李约瑟博士评价说，指南针在航海中的应用，是“航海技艺方面的巨大改革”，它把“原始航海时代推进到终点，预示了计量航海时代的来临”。

指南针，就是人类在外旅行时明亮的眼睛。

造纸术

东汉学者许慎在他的著作《说文解字》里曾经对“纸”字做过分析，认为纸的最早出现与丝织业有关。“纸”字的左边是“系”旁，右边是“氏”字（古时候，“氏”字是人或妇女的代名词）。这就是说，最原始的纸实际上是属于丝一类的絮，这种絮是丝织作坊的女工在水中漂絮以后得到的。

造纸流程图

后来，人们经过不断改进，制成了絮纸。之后在沤麻的过程中，同样得到了由麻纤维构成的薄片，于是又出现了植物纤维纸。

由此可见，造纸术是中国古代劳动人民在生产劳动中发明创造出来的。但是，在改进造纸工艺方面，蔡伦的贡献的确非常卓越。

蔡伦是东汉和帝时的太监，任尚方令，专门负责监制皇宫用的器物。那时的皇宫工场中集中一批来自全国各地的能工巧匠。其中，有一批缫丝、沤麻并具有造纸技术的能手。

由于经常和工匠接触，劳动人民的精湛技术和创造精神对蔡伦有很大的影响。在总结前人造纸经验的基础上，他带领工匠用树皮、麻头、破布和破渔网等原料造纸。他们先把树皮、麻头、破布和破渔网等原料剪碎或切断，放在水里浸渍相当时间，再捣烂成浆状（还可能经过蒸煮），然后在席子上摊成薄片，放在太阳下晒干，这样就制成了纸。

用这种办法造出来的纸，质地轻薄，很适合书写，从而受到了人们的欢迎。再加上造纸的原料来源广泛，价钱便宜，有些还是废物利用，因此纸得以大量生产，造纸术也由此逐渐传播开来。

纸张的大量出现，引起了全国乃至全世界范围内的书写材料的变革，这是人类文化史上的一件大事。随着中外经济、政治、文化、宗教的交流，造纸术先后传到朝鲜、日本、越南、印度、阿拉伯、埃及乃至欧洲。纸逐渐取代了埃及的纸草、印度的贝叶、欧洲的羊皮等成为了最重要的文明载体，从而大大加速了人类文明进步的步伐。

印刷术

毕昇生活的时代是历史上的北宋时期。当时，雕版印刷已有300多年的历史了。

雕版印刷就是根据稿本，把文字抄写在半透明的纸上，再把纸反过来贴在比较坚实的木板（通常是枣木或梨木）上面，雕刻出凸起的反字，成了所谓的“阳文”，这种雕刻而成的木板就成“雕版”；接着把墨涂在它的线条上，然后铺上纸，用刷子在纸上轻匀地揩拭。这样，便可以印出白底黑字的印刷品来了。

但是，雕版印刷术存在许多致命的弱点。首先是雕刻一套版，要花上

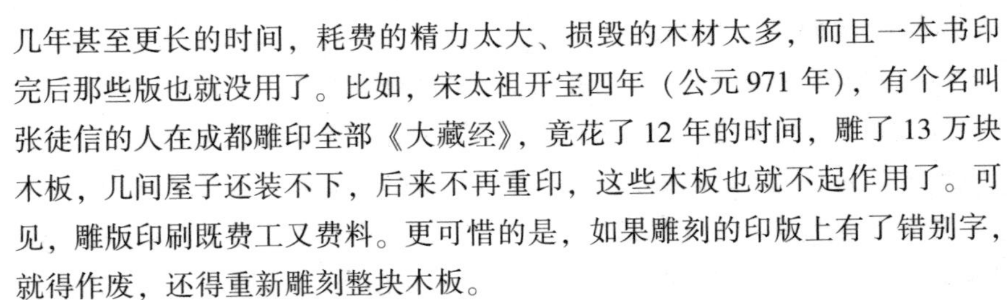

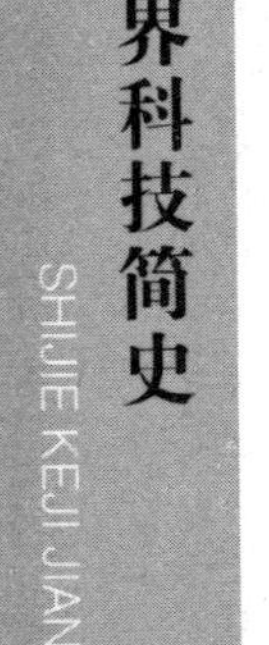

几年甚至更长的时间，耗费的精力太大、损毁的木材太多，而且一本书印完后那些版也就没用了。比如，宋太祖开宝四年（公元971年），有个名叫张徒信的人在成都雕印全部《大藏经》，竟花了12年的时间，雕了13万块木板，几间屋子还装不下，后来不再重印，这些木板也就不起作用了。可见，雕版印刷既费工又费料。更可惜的是，如果雕刻的印版上有了错别字，就得作废，还得重新雕刻整块木板。

毕昇是当时一位熟练的雕版印刷工匠，在多年的实践中，他十分清楚这种印刷的缺点，因此就着手对它加以改进。他在不断总结前人经验的基础上，经过了反复的实践，终于创造出泥活字印刷术。

所谓“活版”，就是将字分别刻在一块块小小的木头上（而不是刻在整版上），再拼成一整块去印刷，印好后把它卸下来以后再用。

可是，怎么使整个活版在印刷时不会松动，印刷后又可将活字拆卸下来呢？毕昇想了个办法，他把木活字放在一块四周有方格的铁框板上，里面填上些松香之类的黏合物，然后搁在炉子上烘烤，于是松香慢慢地熔化成薄薄的一层。趁松香受热变软的时候，他把木活字依次放在铁柜板上。等排满字后，再把铁框板从炉子上取下来，并且迅速用一块平整的木板在上面轻轻一压。等松香冷却凝固后，铁框板上的木活字也就整齐而平整地黏在一起了。等到印刷完后，再把铁框板搁在炉子上烘烤，把木活字取下以后再用。

但是，毕昇很快就发现了一个新问题，由于木活字墨蘸多了容易发生膨胀，而且木头的纹理疏密不一，印多了木活字就会变形，有的模糊不清，而且，它也很容易和黏合物相连，取下来不方便。

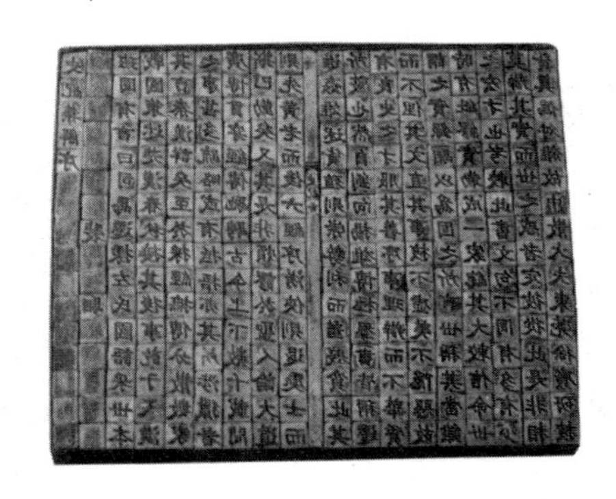

毕昇活字版

又经过一番探索，终于在北宋庆历年间（1041～1048年），毕昇首创了泥活字，并且成功地进行了活字印刷。他用黏土刻字，每字一印，制成大小不一的薄字印，然后用火烧烤使它陶化，即成坚硬的泥活字。

为了加快印刷的速度，毕昇准备好两块铁板。一块在印刷，另一块就在排字。这样交替使用，印刷

起来既快又方便。

在刻字的时候，每个单字都刻几个印，对于像“之”、“也”等这些常用字，则刻多达 20 多个重复的字。如在排版时遇到生僻的字，可以现刻、现烧、现补。

为了查找方便，毕昇巧妙地利用韵目给活字分门别类，把它们有序地储放在木架上，下次要用的时候，很快就能找到。

这样，毕昇发明的活字印刷术，完成了印刷发展史上一次伟大的革命。现代印刷术的三个步骤：制造活字、排版、印刷，都源于此。毕昇的伟大发明启发了后人不断地改善印刷术，世界历史上出现了铜活字、铅活字、锡活字、合金活字以及电脑排版，它使人类文化的记录、保存、传播以及交流进入了一个新的纪元。

正因为如此，有人把这一人类文明史上具有划时代意义的创造称作是“文明之母”。

古希腊文明

公元前7世纪~公元前3世纪，古希腊诞生了一大批思想家、科学家，代表人物有被誉为“科学之祖”的古希腊科学家、哲学家泰勒斯，有对数学和天文学的发展产生过巨大影响的毕达哥拉斯学派，有提出元素学说的古希腊哲学家、生理学家、医学家恩培多克勒，有创立原子学说的古希腊自然哲学家德谟克利特，有被称为“古希腊哲学史的分水岭”的苏格拉底，有最早提出“元素”名词的古希腊哲学家柏拉图，有“医学之父”之称的古希腊生理学家、医学家希波克拉底，有古希腊哲学家、科学家亚里士多德，有古希腊数学家欧几里得，有古希腊物理学家、数学家阿基米得，有古罗马生理学家、医学家盖仑，有编著《自然史》的古罗马博物学家普林尼……

泰勒斯——科学之祖

泰勒斯（公元前624～约前547年）

泰勒斯，古希腊科学家、哲学家，出生于小亚细亚米利都城，出身于奴隶主贵族。

泰勒斯青年时曾到过埃及，在那里学习各种科学知识，回国后创立“米利都学派”。泰勒斯不仅是当时自发唯物主义的代表，同时也是较早的科学启蒙者，在历史上人们称他为“科学之祖”。

泰勒斯在数学和天文学方面都有初步的科学发现。在数学方面，他把埃及的地面几何演变成为平面几何学，他发现了许多几何学基本定理，如直径平分圆周、三角形之两边相等，则其所对角也相等、两直线相交其对顶角相等、半圆之内接三角形必为直角三角形等，并把几何知识运用到实践中。

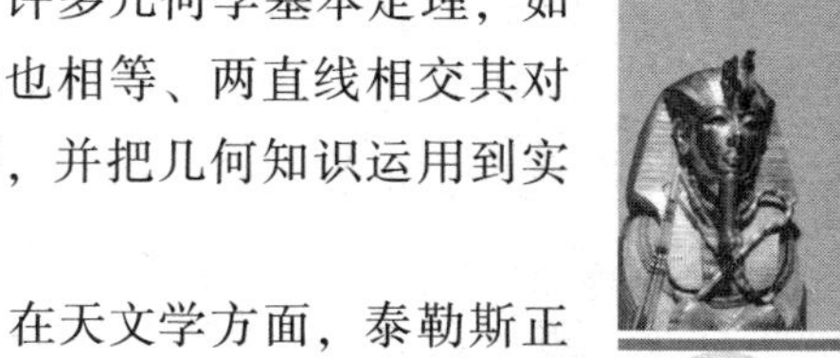

希腊巴台农神庙

在天文学方面，泰勒斯正确地解释了日食的原因，并曾预测出公元前585年5月28日发生的一次日食，对太阳的直径进行过测量，曾计算出太阳的直径约为日道的1/720。这个数字与现在所公布的太阳直径139万公里，相差无几。他还通过对日月星辰的观察和研究，确定一年为365天。

在哲学上，泰勒斯认为万物起源于水又复归于水，恩格斯称这种观点是“一种原始的、自发的唯物主义”。由于历史条件所限，泰勒斯学说只能建立在幼稚的直观基础上，对世界本原的看法也仅是一种猜测而已。

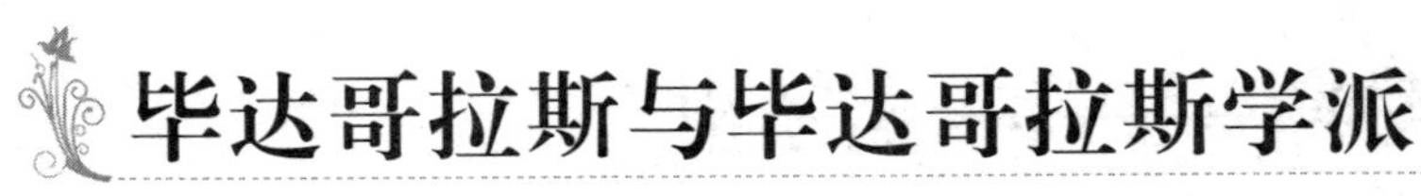

毕达哥拉斯与毕达哥拉斯学派

毕达哥拉斯（公元前580至前570之间～约前500年）

毕达哥拉斯，古希腊数学家、天文学家、哲学家。

毕达哥拉斯是泰勒斯的学生。曾游学埃及、巴比伦等国，后定居于克罗托内城，在那里创立毕达哥拉斯学派，对数学和天文学的发展产生过巨大影响。

在数学方面，毕达哥拉斯约于公元前531年在西方首次提出直角三角形各边的平方关系，后人称为“毕达哥拉斯定理”。他还证明了三角形三个角之和等于两个直角，指出内接半圆的所有角都为直角，提出区别奇数、偶数和质数的方法，和他的学生们发现无理数，并用数学研究乐律，指出弦长的比数越简单，其音越和谐。但他们把数的概念绝对化、神秘化，断言“凡物皆数”，把数和物质的东西分割开来，把数的关系当做事物原型，构成宇宙的“秩序”，走向唯心主义。

在天文学方面，毕达哥拉斯认为地球是一个球体，位于宇宙中心。把表面观察到的太阳绕地球的螺旋运动分析成两种匀速的圆周运动，即周日运动和周年运动，并以此来解释月球和其他行星的运动。

恩培多克勒提出元素学说

恩培多克勒（公元前495～约前435年）

恩培多克勒，古希腊哲学家、生理学家、医学家，出生于西西里岛的阿格里琴托。

恩培约克勒是阿克拉加政治领袖，曾推翻希腊专制统治者，但拒绝继承王位，后周游整个希腊，著有《自然》、《净化》等书，均用诗体文写成。

恩培多克勒创立了西西里医学科学，发展了心脏是血管系统中心及生命攸关之处的理论，认为血液在周身循环流动。他在公元前460年最早对耳蜗结构进行描述，并在公元前465年指出内耳迷路，还曾提出排除洼地积水以预防疟疾等主张。

在哲学上，恩培多克勒综合并发展了泰勒斯、阿那克西米尼、赫拉克利特的理论，提出物质四元素经典学说。他认为空气、水、火、土的微粒构成物质基础，这些元素的结合和分离（被解释为“友爱”和“憎恨”两种敌对力量作用的结果）改变着物质性质。这是朴素的唯物主义观点。

恩培多克勒主张地圆之说。他认为行星在空间运行，光通过空间以一定速度传播，大气是物质的，并非空无所有。此外，他还简单、正确地解释过视觉、感觉、磁性的道理。

德谟克利特创立原子学说

德谟克利特（约公元前460～约前370年）

德谟克利特，古希腊自然哲学家，出生于阿布德拉。

德谟克利特曾游历中亚各国，并在埃及研究古代数学和物理学达7年之久。

德谟克利特是古代唯物主义的杰出代表，他创立了原子学说，认为原子和虚空是万物的本原，无数的原子永远在无限的虚空中的各个方向运动着互相冲击，形成旋涡，产生无数的世界。

在数学上，德谟克利特首先提出“圆锥体容量等于同底同高的圆柱体容量的1/3”的定理。在医学上，他研究了人体构造，对动物的尸体进行过解剖。

德谟克利特否认神的存在，认为幸福是人生的目的，但不是神的赐予，人们关于神的观念，主要是对自然界某些变异现象（如迅雷、闪电、日食、月食等）的无知所引起的。

德谟克利特的著作相传有52篇，现仅存极少数篇。

苏格拉底——古希腊哲学史的分水岭

苏格拉底（公元前469～前399年）

苏格拉底既是古希腊著名的哲学家，又是一位个性鲜明、从古至今被人毁誉不一的著名历史人物。

苏格拉底的学说具有神秘主义色彩。他反对研究自然界，认为那是亵渎神灵的。他提倡人们认识做人的道理，过有道德的生活。他的哲学主要研究探讨的是伦理道德问题。

苏格拉底教学生从不给他们现成的答案，而是用反问和反驳的方法使学生在不知不觉中接受他的思想影响。

苏格拉底主张专家治国论，他认为各行各业，乃至国家政权都应该让经过训练、有知识才干的人来管理，而反对以抽签选举法实行的民主。

苏格拉底一生没留下任何著作，但他的影响却是巨大的。哲学家往往把他作为古希腊哲学发展史的分水岭，将他之前的哲学称为“前苏格拉底哲学”。作为一个伟大的哲学家，苏格拉底对后世的西方哲学产生了极大的影响。

守信用的孩子

苏格拉底小的时候家里非常贫穷，所以一年四季苏格拉底都穿着一件衣服，至于鞋就更不用说了。苏格拉底根本就不知道什么是鞋，他总是光着脚走路。

这一年的冬天，雪下得非常大。一天，苏格拉底要出门去给别人家送打好的铁器，妈妈看雪下得这么大，儿子的脚上又没有穿鞋子，于是不让苏格拉底去。

“不行，我一定要去，我跟爸爸答应今天给人家送去的。”

苏格拉底顶着大雪，光着脚丫把打好的铁器送到了那些需要铁器的人家里。当苏格拉底把铁器送到客户的手里时，那些接到铁器的人们总会拿好吃的来招待他。但是他们很快地发现苏格拉底对美酒佳肴并不感兴趣，他感兴趣的是看书。后来家里有藏书的人们都愿意把书借给苏格拉底看，就这样，苏格拉底逐渐地认识了许多字，读了许多书。

苏格拉底教子

有一次，苏格拉底的大儿子忙着做作业，所以就不肯替母亲照看一会儿小弟弟，结果脾气暴躁的母亲破口骂了一顿儿子，然后就抱着小儿子走了。

儿子看着母亲远去的背影，嘀咕道：“真是个母夜叉。”

在一旁看书的苏格拉底听到了，他立即教育孩子道：“你怎么可以把母亲说成是母夜叉呢？你的母亲不仅没有打过你，在你生病的时候，她一直很好地照看你，而且还每天都向神祈祷，希望神赐福给你。孩子，我们雅典人对什么样的人都可以原谅，唯独不原谅不尊重父母的人。你应该请求母亲原谅你，否则别人也会为你不尊重父母而轻视你。等到最后，你会变成一个没有朋友的人。”

雷埃夫斯城墙（古希腊公元前449年）

苏格拉底这次对儿子的教育非常管用，从此以后，苏格拉底的儿子学会了尊重父母。

柏拉图最早提出“元素”名词

柏拉图（公元前427～前347年）

柏拉图，古希腊哲学家，出生于雅典，出身于奴隶主贵族。

柏拉图是苏格拉底的学生，他为实现理想的奴隶主贵族政治，曾到处奔走活动。公元前397年回到雅典，创办柏拉图学园，这是世界上第一所大学，存在了916年（到公元529年）。

柏拉图的哲学是客观唯心主义。我们在批判柏拉图哲学思想的同时，也指出并肯定他在科学上的贡献是必要的。柏拉图的对话集《蒂迈欧篇》是一部科学著作，他强调数学的重要性，主张自然界用数学和谐和数学结构加以渗透。柏拉图最早提出“元素”的名词，认为万物都是由无形式的原始物质取得形式而产生的，每个元素的微粒各有特殊形状，这些元素可以通过分解和结合，按一定的比例互相转变，还对无机物和有机物的组成有过一些论述。

柏拉图的主要著作有《理想国》、《法律篇》、《斐多篇》、《巴门尼德篇》、《泰阿泰德篇》、《智者篇》等。

柏拉图拜师

柏拉图出身在雅典城里的一个贵族的家庭里，因为家里非常富有，所以到他该接受教育的年龄时，父亲便给他请了三位启蒙老师，其中一位教柏拉图文法、修辞学和写作，另一位教他美术、音乐，还有一位老师教他体育。

柏拉图20岁的那一年，有一天他去听苏格拉底的演说，演说听完以后，他便立即决定要拜苏格拉底为师。

他来到苏格拉底的住处，敲开了苏格拉底家的门。

“尊敬的苏格拉底先生，我是柏拉图，我想成为您的学生。”

苏格拉底接见了他并问道：“年轻人，你的名字我早就听说过了，你已经是一个学识很渊博的人了，为什么还要拜我为师呢？”

“您有一句话我记得很清楚，那就是‘认识自己’，如今我就是来学习如何认识自己的。”

“你既然知道我这一句话，那么你也应该知道我对自己的评价了——‘我知道我一无所知’”。

“神都认为您最聪明，可是您却这样评价自己，这正是我学习的地方。一个人不知道自己的无知，那才是双倍的无知呢！这也是我为什么来拜您为师的理由。”经过这一次谈话，苏格拉底答应将柏拉图收为自己的学生。苏格拉底没有看错，柏拉图成了他最好的学生。柏拉图从公元前407年开始，在苏格拉底的身边学习了整整8年。

希波克拉底——医学之父

希波克拉底（约公元前460～前377年）

希波克拉底，古希腊生理学家、医学家，出生于小亚细亚科斯岛。

希波克拉底从小随父亲学习医学知识，青年时曾访问过埃及，并在埃及研究过医学文献。后来，他在科斯岛创办了一所医科学校，还曾到雅典及其他城市讲学。

希波克拉底被称为“医学之父”，他提出了“体液学说”，认为人体由血液、黏液、黄胆、黑胆4种体液组成，这4种体液的不同配合使人具有不同体质。他还认为疾病是发展着的现象，医生不仅应治病而且要治人，而且要改变当时的医学以巫术和宗教为根据的观念。希波克拉底主张治疗上要注意病人的个性特征、环境因素及生活方式对疾病的影响，不但重视药物治疗，而且注意卫生和饮食疗法；不但重视对症治疗，而且注意预防，这些医学观点对后来西方医学发展均有巨大影响。

希波克拉底学生很多，这些学生继承了他的医术，写出了60多篇医学文章，后合编成《希波克拉底文集》一书。

亚里士多德与数学和物理

亚里士多德（公元前384～前322年）

亚里士多德，古希腊哲学家、科学家，出生于色雷斯的斯塔基拉。公元前367年迁居雅典，成为柏拉图学园的积极参加者。公元前343年，他担任马其顿王国最高统帅亚历山大的教师。亚里士多德虽然是柏拉图的学生，却抛弃了柏拉图的唯心的理念论，并予以严厉的批判。

亚里士多德把科学分为理论的科学、实践的科学和创造的科学。“分析学”或逻辑学则是一切科学的工具。亚里士多德是形式逻辑的奠基人，力图把思维形式和存在联系起来，并按照客观实际来阐明逻辑的范畴。

我爱我师，但我更爱真理

亚里士多德对医学怀有兴趣，但对哲学、数学的兴趣更浓。公元前367年，在他17岁那年，他决定前往雅典最著名的学校之一——阿卡德米亚学术院求学，这所学院是由柏拉图创办的。而另一所有名的学校则是柏拉图的老师苏格拉底创办的。这两所学校对亚里士多德来说，都非常具有吸引力。然而他对柏拉图的学院里的探索自然的学风更加向往。因此，他就选择了阿卡德米亚学术院。

柏拉图是一个非常重视数学的人，他认为这门学科能把人的心灵带向真理，并且还能把人的思想境界提高到哲学的高度。阿卡德米亚学术院的大门上刻着一行大字：“不懂几何者不得入内。”在学习的过程中，有些观点虽然是老师提出来的，但亚里士多德从来不对他的老师柏拉图的所有观点持盲目跟从的态度，为此他们师生二人常常产生学术上的抵触。

不仅如此，他还经常在与柏拉图探讨问题时驳倒柏拉图的理论，这样一来，使得许多同学对他非常不满。有一次大家都责备他要尊重老师，他却告诉大家说："我爱老师，但我更爱真理。"

在学习期间，亚里士多德广泛涉猎各门学科，他对政治学、戏剧学、诗学、物理学、医学、心理学、历史学、天文学、伦理学、自然历史学、数学、修辞学、生物学等学科都有颇深的研究。

欧几里得与《几何原本》

欧几里得（约公元前330~前275年）

欧几里得，古希腊数学家，出生于雅典。

欧几里得是柏拉图的学生。他的科学活动主要在亚历山大进行，在那里建立了以他为首的数学学派。

在欧几里得以前，已有一些数学家证明了几何学的某些基本定理，并取得了不少成就。欧几里得总结了前人的几何知识和研究成果，并加以系统化。他把人们公认的一些事实列成定义和公理，使用逻辑推理方法，给定理以演绎证明。公理中最著名的有平行公理，而平面上一直线和两直线相交，当同旁两内角之和小于两直角时，则两直线在该侧充分延长后一定相交。用这些定义、公理和定理来研究图形性质而形成的欧几里得几何学，简称欧氏几何学。

欧几里得最著名的著作是《几何原本》，共13卷。《几何原本》曾被译成世界上各种文字，它一直受到各个历史时期数学工作者的重视。长期以来，《几何原本》的几何学部分一直是一本广为采用的几何学教科书。

除《几何原本》外，欧几里得还著有《数据》、《论图形分割》、《论数学的伪结论》、《平面轨迹》、《音乐原理》等。

阿基米得与浮力定律

阿基米得（公元前287～前212）

阿基米得，古希腊物理学家、数学家，出生于叙拉古。

阿基米得在数学方面确定了许多物体，如球体、球截体、柱体以及抛物线、弓形等表面面积和体积的计算方法；得出了三次方程的几何解法；算出圆周率之值在$3\frac{16}{71}$～$3\frac{1}{7}$之间。

阿基米得在研究机械中发现了杠杆原理，即当杠杆所受的作用力和所克服的阻力在同一平面时，作用力和力臂的乘积等于阻力和重臂的乘积。他一生设计和制造的机械、机器，除杠杆系统外，还有举重滑轮、灌水机、扬水机以及军用投射器等。

阿基米得在研究浮体中发现了浮力定律，即浸在流体中的物体受到向上的浮力，其大小等于物体所排开流体的重量，称为阿基米得定律。

阿基米得的著作很多，其中最重要的有《论抛物线问题》、《球体和柱体》、《关于圆周的测量》、《劈锥曲面与扁球体》、《论浮体》等。

发现浮力定律

有一次，国王让金匠给他做一顶纯金的新王冠。王冠做好送来后，国王总担心金匠偷梁换柱，于是让人找来阿基米得对王冠进行检验。

这个问题可让阿基米得伤透了脑筋，接连好几天他拿着那块国王给他的黄金和那顶做好的王冠看来看去，然后又拿到天平上称来称去。黄金和王冠的重量是一样的，也就是说，金匠没有作假，用什么样的方法才能再次证明这顶王冠和这块黄金是一样重的呢？

一天，阿基米得一边思考这个问题，一边走进了澡盆洗澡，澡盆里的

水随着他身体的浸入而溢了出来，他看到溢出去的水，顿时灵感大发。

“攸勒加，攸勒加（希腊语：我找到了）。”

他的仆人听到了喊声，赶紧抱着衣服跑了过来。

“赶快去拿一只瓦罐和一个大钵来。”

说完阿基米得便穿好衣服走进了自己的书房里，这时仆人也拿着瓦罐和大钵走了进来。阿基米得接过仆人手里的瓦罐然后装满水，再把它放在了大钵子里。随后阿基米得把王冠放进了瓦罐里，这时瓦罐里的水溢到了大钵子里。阿基米得仔细地量出了大钵子里的水，量完以后他将瓦罐里装满了水，然后又取出黄金往瓦罐里放，水又从瓦罐里溢到了大钵子里，阿基米得再量出了大钵子里的水。结果黄金放进瓦罐里后，溢出来的水少，而王冠放在瓦罐里时溢出来的水多。

阿基米得于是推断出一定是王冠里掺有比金子轻的银子，因为王冠的体积稍大，溢出来的水就比同样重的黄金多。

阿基米得从这一实验中得出了浮力定律，浸入液体中的物体所受到的浮力跟它排出的液体的重量相当。

爱思考的阿基米得

有一次，阿基米得到海边散步，看见有两个嬉乐玩耍的男孩子在海滩上正围着一块半人高的巨石，看样子这两个调皮的男孩子正想比试自己的力量，比赛推巨石，可两个人用尽了吃奶的力气，巨石才刚晃了晃。一个男孩跑到远处找来一根胳膊粗细般的木棍，塞到石头底下，使劲用肩一扛，奇怪的是，巨石竟然很厉害地晃了晃，另一个男孩见状也跑到远处找来一根木棍，两个孩子把两根棍子一起塞进去，用肩扛着，巨石晃动着骨碌碌地开始滑下海滩，滚进海里，跌出了一朵巨大的浪花，孩子们高兴极了。

看到这个情景，阿基米得联想起在亚历山大城求学的时候，奴隶们用木棒撬动他们平时搬不动的重物，这是为什么呢？并没有增加人手，仅仅是多了一根木棒，就让一个人增加了那么大的力气，难道木棒有奇妙的魔力吗？那里的学者也争论过这个问题，但并没有得到满意的答案。现在这两个男孩的游戏，又使阿基米得思考起这个问题。他不停地思索着，突然间，思想的小火花连成一片。他迅速地拿起身边的草纸和笔，把一天来经过思索所想通了的，快速记在了草纸上，他发现了一个重要的问题，那就是物体的重心！

阿基米得又通过反复的观察和思考，终于得出物体有重心的结论，并由此出发，对杠杆的平衡条件进行了数学的证明。从多年来以杠杆原理为基础的生产工具的许多实际应用中，总结出科学、全面、系统的杠杆定律。

今天的物理课本把这个关系式表达为：力×力臂=重×重臂。

发明水泵的故事

一个星期天，阳光明媚，阿基米得和到亚历山大城求学的同学们一起乘着木船，在尼罗河上缓缓地行驶。两岸旖旎的风光让他目不暇接。忽然，他看到一群人在用木桶拎水浇地，便问道："他们干吗要拎水浇地呢？"

"河床地势低而农田地势高，农民只好拎水浇地了。"一位当地的同学告诉他。

回去后，阿基米得的眼前总是闪现出农民拎水时吃力的样子。"能不能让水往高处流呢？"阿基米得开始思考这个问题。

慢慢地，阿基米得的脑海中产生一个设想："如果做一个螺旋物，把它放在一个圆筒里。这样，螺旋转起来后，水不就可以沿着螺旋沟带到高处去了吗？"

阿基米得立即根据这一设想，画出了一张草图。他拿着这张草图去找木匠，说："师傅，请你帮我做一个泵水的机器。"

在阿基米得的指点下，木匠终于制出一个怪玩意儿。

阿基米得将这个东西搬到河边。把怪玩意儿的一头放进河水里，然后轻轻地摇动手柄。"咕噜噜"，只见在摇动手柄的同时，河水就从怪东西的顶端不断地涌出来。

水，果然往高处流了。

前来围观的农民，都被这神奇的东西吸引住了。他们纷纷赞扬阿基米得为农民做了一件大好事。不久，这种螺旋水泵在尼罗河流域，甚至更大的范围流传开了。

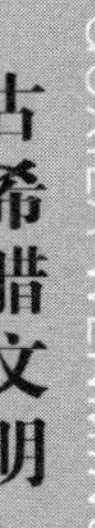

盖仑与解剖学

盖仑（约 129～199）

盖仑，古罗马生理学家、医学家，出生于小亚细亚的帕加马。

盖仑先后到土耳其士麦那（今伊兹密尔）、希腊科林斯、埃及亚历山大等名城留学，157 年在帕加马充当斗剑士外科医师，162 年定居罗马，不久被召到皇宫任御医。

盖仑对解剖学有重大贡献，在当时不允许解剖人的尸体的情况下，他捕捉猴子进行解剖实验，对骨骼结构、肌肉、神经的了解较清楚，并得出结论："感觉神经起于大脑，运动神经起于脊髓。"此外，他对呼吸、脉搏的机械作用以及大脑、脊髓、肾和胸部、腹部等器官的功能均有较深的研究。盖仑还发展了机体的解剖结构和器官生理学概念，指出研究和治疗疾病应以解剖学和生理学的知识为基础，这些成就为解剖学、生理学和诊断学奠定了初步基础。

盖仑发展了希波克拉底的动物体液学说，创立了医学知识和生物学知识的体系。这些观点从 2～16 世纪的 1400 年间，被西方医学界奉为信条。

盖仑把希腊的解剖学和医学的知识系统化，在埃拉西斯特拉图斯的生理学研究的基础上，吸收了希波克拉底的体液学说和亚里士多德关于灵魂的自然哲学思想，并结合自己在实践中的发展，写出了 131 部医学和生理学著作，对欧洲近代医学的发展有着重大影响。

普林尼编著《自然史》

普林尼（公元23～79）

普林尼，古罗马博物学家，出生于新科莫姆城（今意大利科莫）。

普林尼曾在罗马求学，在公元47～57年期间任骑兵军官，还曾到过欧洲许多地方旅行和探险，在公元65～70年期间任西班牙、高卢和非洲财政长官，74年任驻密瑟罗港的罗马海军舰队长官。公元79年，维苏威火山大爆发，普林尼率海军舰队前往救援，为搜集资料，他亲临现场观察，不幸为科学献身。

普林尼最重要的功绩是编著《自然史》一书，全书共37卷，其中包括473位希腊人和罗马人的著作，书中总结了天文学、地理学、人种学、人类学、生理学、植物学、动物学、药物学、矿物学、冶金学等多方面的古代科学成就，集古代科学知识大成，内容上虽存在材料未加鉴别、数据不够准确等缺点，但把大量分散资料汇编成册，不失为一部很有价值的百科全书，对欧洲特别是中世纪的欧洲科学技术发展有着很大影响。

科学的革命

从古希腊、古罗马文明结束到欧洲文艺复兴这1000多年里，由于战火的摧残和宗教势力的统治，欧洲的科学技术成就几乎一片空白，因此有人将这一时期的欧洲称之为“黑暗的中世纪”。到了15世纪欧洲文艺复兴时期，在自然科学上涌现了以文艺复兴巨匠、意大利美术家、自然学家、工程师达·芬奇，意大利航海家、探险家哥伦布，“环球航行第一人”葡萄牙航海家麦哲伦，创立“日心说”的波兰天文学家哥白尼，科学勇士意大利天文学家、哲学家布鲁诺等为代表的一批科学斗士，勇敢地向“黑暗的中世纪”发起了挑战……

这一期间，英国有以实验科学著称的英国科学家、哲学家罗吉尔·培根……

达·芬奇——文艺复兴巨匠

达·芬奇（1452～1519）

达·芬奇，意大利美术家、自然科学家、工程师，出生于佛罗伦萨。

1466～1477 年从名师韦罗基奥学画。1477～1482 年研究解剖学、天文学、动物学、数学、工程学和音乐。1482～1499 年任宫廷画师、首席工程师等。1499 年到威尼斯，成为恺撒大帝的建筑师、工程师。1502～1503 年作为恺撒大帝的首席军事工程师游历意大利中部各地，1503 年回到佛罗伦萨后不久去米兰，1507～1513 年任路易十二世的画师和工程师。

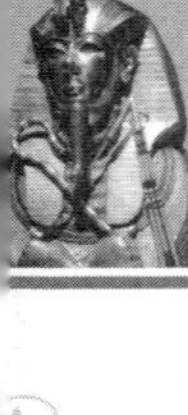

达·芬奇是意大利文艺复兴时期的著名美术家，他的《最后的晚餐》壁画、《蒙娜丽莎》肖像画等名作对后来欧洲绘画的发展影响很大。此外，达·芬奇还是一位很有造诣的自然科学家和工程师。在物理学方面，他证明了在倾斜面上物体的有效重量与平面的角度成比例关系；提出力的平行四边形；观察到空气的压缩和阻力；说明了液滴的聚结现象；用 U 形管中液体平衡柱比较各种液体的密度等。在工程方面，根据对飞鸟的观察，设计出一种滑翔机，还设计出降落伞、第一台升降机；发明水波纹管、水银虹吸钟、汽枪等。在建筑、水利方面，他研究了拱门、墙和柱的压力，并参与米兰大教堂的设计工作，还设计出灌溉系统、运河开掘模型、阿尔诺河节流模型等。在医学方面，建立图解与生理解剖学、解剖人尸、研究心脏和瓣膜，并第一次做出脑室蜡铸模，还对子宫和胎儿在子宫中的形状、位置做了正确描述。

达·芬奇又是一位哲学家，认为自然界的一切都服从于客观必然规律，认识起源于感觉。

有创意的小画家

6 岁半那一年，达·芬奇上学了，在学校里他学到了许多知识，他对画画很感兴趣。一天，他在上课的时候不专心听讲，而是用纸和笔给老师画起速写。

他回到家里把这一张速写拿给爸爸看，爸爸一看觉得儿子在绘画方面很有天赋，从此以后，父亲便有意在这方面培养他。一天，父亲让他为邻居画一块木制的盾牌，达·芬奇于是开始收集标本，他把标本收集完以后又仔细观察了许久才动手开始画这块盾牌。

为了画一块让人吃惊的盾牌，他花了整整一个月的时间，他在画面上画了一个两眼冒火、鼻孔生烟，让人看起来十分可怕的妖精。他画好后，让父亲来看，为了让父亲看见这张画以后而感到害怕，他于是把窗户关上，只让一缕光线照在凶恶的女妖脸上。

父亲高高兴兴地和达·芬奇从外面走了进来，刚进屋里的父亲看见一个凶恶的女妖在屋子的角落里狂笑，顿时吓坏了，拉着达·芬奇扭头就跑。

达·芬奇看到父亲惊恐的样子后，哈哈地大笑起来："爸爸，别跑，这就是你让我给你画的盾牌。"

父亲听到达·芬奇的解释后，才跟着他又重新走进了放着盾牌的屋里。

"太像了，简直快把我吓死了。"父亲惊魂未定地称赞他。

坚实的基础最重要

16 岁那一年，父亲送他到大画家韦罗基奥那里去学画画，一开始韦罗基奥便让达·芬奇每天学画蛋，达·芬奇画了一段时间开始厌烦了："老师，我画了这么多蛋了，应该可以了吧？"

老师耐心地对他说："孩子，画蛋是练习你的基本功，要知道世上没有完全一样的蛋，如果你把这些蛋能画到随心所欲的地步也就可以了，可是我看你画的这些蛋怎么就没有我想象中的那样好呢？你得再来，一直要画到随心所欲的地步才行。"

从此以后，达·芬奇几乎每天都画上几十个鸡蛋，在这样一遍一遍的练习中，他掌握了许多绘画技巧。

正因为他坚持一丝不苟的刻苦练习才使得他后来有了《最后的晚餐》、《蒙娜丽莎》这样伟大的作品在世上流传。

《最后的晚餐》壁画

麦哲伦——环球航行第一人

麦哲伦（约 1480～1521）

麦哲伦，葡萄牙航海家，他出身于葡萄牙骑士之家。

1517 年移居西班牙，曾在宫中任侍从官。1519 年，麦哲伦奉西班牙政府之命率船 5 艘，由圣罗卡起航，越过大西洋，沿巴西海岸南下，经南美洲大陆和火地岛之间海峡（今麦哲伦海峡）进入太平洋，然后继续西行，到最后只剩下一艘船“维多利亚”号，水手 18 名，经好望角，于 1522 年 9 月回到西班牙，完成世界上第一次环球航行，证实了地圆之说。

艰难的探索

1519年8月1日，西班牙的塞维利亚码头上热闹非凡。望着前来送行的人群，想到即将踏上远航探险的征程，麦哲伦心潮澎湃，感慨万千。

"轰——"

"轰——"

"轰——"

送行的礼炮声响了，麦哲伦在心里暗暗发誓："我一定要载誉归来！"

随后，他一声令下，这支由5艘大船、265名水手组成的西班牙船队立刻扬起风帆，破浪远航了。

麦哲伦的船队在航行

按照计划，麦哲伦沿着哥伦布当年的航线前进。一路上，他率领船员们战胜了无数的艰难险阻，并镇压了船队内部西班牙人发动的叛乱，终于使全体船员成为自己忠实的追随者。

1520年5月的一天，麦哲伦派"圣地亚哥"号出港去探航，不料这艘船触礁沉没了。1520年10月1日，麦哲伦的船队又驶入了一个陌生的海湾，这里阴森恐怖。麦哲伦猜想这是不是东方的海峡呢？于是他派出"圣东尼奥"号和"康塞普孙"号先去探察。时间一天天地过去了，麦哲伦却一直等不回来出去的船只。

一天早晨，麦哲伦刚一起来便听到了鸣炮声，当他走上甲板一看，原来是派出去的两艘船回来了。船员们一看见麦哲伦都激动地叫道："那儿全是咸水。"

麦哲伦终于找到了通往东方的海峡，第二天，他便带着船队出发了。

这一条海峡的通道，很长、弯弯曲曲的，水流湍急，暗礁密布，又加上有海浪，航行十分艰险。

在麦哲伦的鼓舞下，船队慢慢地绕过了南美洲的南端。1520 年 11 月 8 日，船队在经历了千辛万苦之后，突然看见了一片广阔的大海——他们终于闯出了海峡，找到了从大西洋通向太平洋的航道！

这是欧洲人寻找了 20 多年的航路啊，终于今天被麦哲伦他们找到了。后来为了纪念麦哲伦这个伟大的发现，人们把这一条海峡命名为“麦哲伦海峡”。

麦哲伦的这一次环球航行，证实了地球是圆的，同时在这一次旅行中，他也终于证实了地球上的海洋的面积比陆地的面积大很多。

哥白尼创立“日心说”

哥白尼（1473～1543）

哥白尼，波兰天文学家。

1503 年，从意大利留学归来后的哥白尼在波兰开始新的研究工作，经过长期反复的观测和计算，并用观测数据进行验证，终于创立宇宙结构新体系——“日心说”。

哥白尼的“日心说”认为，地球不是宇宙中心，除了月球围绕地球运转外，地球和其他行星一样，都沿着以太阳为中心的圆形轨道运动，而且地球还在不停地自转。

1543 年，哥白尼公开发表了他的不朽著作《天体运行论》，哥白尼的“日心说”否定了统治 1000 多年的“地心说”，这是天文学上一次伟大的革命，引起人类宇宙观的重大革新，沉重打击了封建神权统治。

在大学期间，思维敏锐的哥白尼就对天文学和数学产生了极大的兴趣。他钻研数学，广泛涉猎古代天文学书籍，潜心研究过“地心说”，做了许多笔记和计算，并开始用仪器观测天象，头脑里开始孕育新的天文体系。

有一天，他与同学们一起坐船去旅游，他奇怪地发现，如果以自己和同学们坐的船为参照物，船并没有动，相反却是岸上的房子在走。这个现象让哥白尼对太阳围绕地球转的理论开始产生了怀疑，他回到学校以后，根据平时自己对天象的观察数据进行了反复的计算，发现原来的天文理论总不能自圆其说。

大学毕业后，哥白尼继续进行长期的天象的观测和研究，更进一步认定太阳是宇宙的中心。因为行星的顺行、逆行，都是地球和其他行星绕太阳公转的周期不同所造成的假象，表面上看起来好像是太阳在绕地球转，实际上则是地球和其他行星一起在绕太阳旋转。这一点就像我们坐在船上，明明是船在走，但却感觉到岸在往后移一样。

哥白尼夜以继日地观测着、计算着，终于冲破重重阻力，创立了以太阳为中心的“日心说”。

哥白尼曾经说过：“人的天职在于探索真理。”在探索真理的强烈冲动下，他开始了《天体运行论》一书的写作。

《天体运行论》明确地提出所有的行星都是以太阳为中心并绕着太阳进行圆周运动的。书中写道：

“地球是动的。”

“地球除了旋转外，还有某些运动，还在游荡，它其实是一颗行星。”

“在所有这些行星中间，太阳傲然坐镇……太阳就这样高居于王位之上，统治着围绕膝下的子女一样的众行星。”

《天体运行论》虽然也存在缺点，但它在人类历史上第一次描绘出了太阳系结构的真实图景，揭示了地球是围绕太阳转的本质，把颠倒了1000多年的日地关系更正过来，引起了中世纪宇宙观的彻底革命，沉重打击了封建教会的神权统治。

科学斗士——布鲁诺

布鲁诺（1548～1600）

布鲁诺，意大利天文学家、哲学家，出身于那不勒斯一个没落的小贵族家庭。

布鲁诺15岁被送入修道院，在那里他阅读了许多科学书籍，并从事文学和哲学的研究。他积极批判经院哲学和神学，反对托勒密的“地心说”，宣传哥白尼的“日心说”，到处宣传他的先进宇宙观，反对宗教哲学。这引起了罗马宗教裁判所的恐惧和仇恨，1592年在威尼斯将他逮捕入狱。在长达8年的监狱生活中，布鲁诺坚贞不屈，最后被处火刑，烧死在罗马繁花广场。

布鲁诺发展哥白尼的“日心说”，认为宇宙是无限的，太阳系只是无限宇宙中的一个天体系统。太阳不是不动的，而是它和其恒星之间的位置在变动，地球表面的大气层随同地球旋转，还提出地球经常发生地质变化的理论，把发展观念引入地质学领域。

1592年5月，当布鲁诺中了罗马教廷的圈套，回到意大利的时候，15年前救过他的女学生给他带来了教廷正准备逮捕他的消息。她详细地述说了教廷收买了他的朋友——威尼斯的贵族莫切尼格，企图将他逮捕的阴谋。

天文学家在格林尼治天文台用望远镜和六分仪在观察星空

布鲁诺听完，怒不可遏地连声叫道：“卑鄙！卑鄙！”

“明天您必须离开这里！”她带着命令的口气说，“让我们一起走上为真理而斗争的道路！”

“对，我必须渡过卢加诺湖去为真理而斗争！”布鲁诺声音低沉地说。

“我的战斗岗位在那里！我的命运

在那里!"

"您应该知道，他们绝不会让您说话，他们会烧死您的!"她带着哭声着急地说。

"这我知道!"布鲁诺毫不在意地说，"如果只有火才能唤醒沉睡的欧洲，那么我宁愿自己被火烧死!"

第二天清晨，布鲁诺只给她留下一封充满深情的信，就独自踏上了横渡卢加诺湖的艰巨航程。5 月 3 日，他刚到达威尼斯，就被正在等待他的教廷鹰犬抓住，并于次年 2 月引渡到罗马，关进了宗教法庭的地牢。

在布鲁诺的心里，早就等待着这一天了，他决心把宗教法庭当做宣传科学的讲坛。

布鲁诺被教廷囚禁了整整 8 年。他不知跟红衣主教和神学家们辩论过多少回，受到多少次严刑拷打。他已经被摧残得奄奄一息了，但他的斗志却依然十分昂扬。教廷用尽一切手段，始终没能让布鲁诺在真理的面前退缩半步。最后，恼羞成怒的教皇下了毒手，决定"尽可能仁慈和不流血"地处死布鲁诺，也就是对他处以火刑，以彻底拔掉这个"眼中钉"。

宗教裁判所对"异端"处以火刑

在法庭上，布鲁诺听到火刑的判决，脸不变色心不跳。他早就做好了准备，用胜利的微笑迎接这为科学、为真理而献身的壮丽时刻。他的心飞向了未来，仿佛看到了从他的火刑堆上升起的熊熊烈火，穿透中世纪的漫漫长夜，把黑暗和愚昧都烧个精光。

布鲁诺看着心惊胆战的红衣主教们，他放声大笑，从容镇定地宣告："你们对我宣读判词，比我听判词还要感到恐惧!"

火把已把干树枝燃着了。布鲁诺镇定自若，视死如归。这时，千万只眼睛都注视到，一根长长的杆子把耶稣受难的十字架向布鲁诺面前伸了过来，这是对死者例行的最后考验，看他在生命最后一息对上帝的态度。如果吻它，则意味着和解、最终悔悟和投降，但是铮铮铁骨、正气浩然的布鲁诺，轻蔑而愤慨地把脸扭到另一方向。

火势越来越旺，围观的人群都泪流满面，在胸前不停地画着十字，默默地祈祷着……

这位为真理、为科学而献身的伟大思想家的不朽精神和浩然正气世代永存。布鲁诺牺牲289年以后，罗马教廷不得不公开为布鲁诺平反。1889年，意大利人民在他英勇就义的罗马繁花广场筑起了一座布鲁诺纪念铜像，在台座上镂刻着的献词是：

献给乔尔达诺·布鲁诺

——他所预见到的时代的人们

阿维森纳——医中之王

阿维森纳（980～1037）

阿维森纳，阿拉伯医学家，出生在布哈拉附近的卡尔迈森（今乌兹别克境内）一个小镇的一个穆斯林家里。

伊斯兰教重实践、讲效率的精神，对他有着深刻的影响。成名以后，通过诊断实践，他又积累了丰富的治病经验，当时的人称他为“医中之王”。

阿维森纳一生撰写了99部科学著作，仅大部头的著作就有21部传世，医学著作有16种。

他的学术成就包含哲学、医学、几何学、天文学、教义学、语言学和艺术。他的科学论著中最重要的有两部，一是《治疗论》，这是一部哲学百科全书。这部书是集亚里士多德哲学传统、新柏拉图派和伊斯兰教义学之大成，是部不朽的著作；一是《医典》，它是一部医学巨著，不仅继承了希腊的古典医学遗产，而且吸收了古代中国和印度的医学成就，对各种疾病及治疗方法都有详尽的论述。

自中世纪以来，世界各国都把《医典》奉为医学经典。许多大学把它作为医学教科书，为许多国家培养了一批又一批的医学人才。后来，《医典》也传到了中国。阿维森纳对医学的贡献是杰出的，称他为“医中之王”毫不过誉。

不收诊费的大夫

阿维森纳十八九岁的时候，一个名叫努哈的郡王得了一种奇特的病症，整天疯疯癫癫、胡言乱语。郡王府在各地请来了成百名医、巫师为王爷治病，他们为其开了无数药方和做了不少巫术，都无效果。阿维森纳听说后，便自告奋勇地去王府，要求给郡王看病。可是郡王府的看门人见他是一位穿着俭朴的青年，就连王府的门也不让他进。阿维森纳为了治病救人，毫不在意王府这些人的态度，进不去王府就根据人们对努哈郡王病情的传闻，写了一份诊断书，设法送进了府中。郡王的近臣一见，大为惊叹，立即传他进府。

阿维森纳进府后，认真诊断郡王的病，并没有马上开药给他服，而是采用一种特殊的精神疗法。几天以后，郡王便神志清醒。接着以少许药物辅助治疗，一个月后，郡王完全恢复正常。

努哈为了表示感谢，要赏给阿维森纳金银财宝。他说什么都不要，只请求王爷让他在王室图书馆查阅一切图书资料。努哈郡王哈哈一笑，当即答应了他的请求。得到了这个机会，阿维森纳非常珍惜，手不释卷，如饥似渴地把整个图书馆的书籍都读完了。从此他的医术更加高明了，并为他后来在哲学、医学几何学、天文学、教义学、语言学和艺术等方面做出了卓越的成就打下了坚实的基础。

“杀牛”医生

有位阿拉伯王子患了一种奇怪的精神病，被“强迫观念”支配得无法摆脱。他坚信自己已变为牛，拒绝进食，拒绝医治，整天学牛叫，嚷着：“把我杀了吧！我的肉可以做牛肉羹！”御医束手无策，国王心如刀绞，宫中乱作一团。最后求助于阿维森纳。他问明病情后，派去一名助手通知王子，屠夫已经起程，叫他稍候。片刻，阿维森纳手持光闪闪的屠刀，闯进王子的卧室，以屠夫粗粗的嗓门喝道：“牛在哪儿？快捆起来宰！”待助手把王子手足捆好，阿维森纳一手举刀，一手摸着“牛颈”寻找下刀部位。忽然叫喊：“这头牛太瘦了，杀之无肉，喂肥点后再宰！”王子听说喂肥后便可称心如意被宰，于是开始进食。体力逐渐恢复之际，他的“强迫观念”也慢慢地消失了，后来康复以至痊愈。

近代天文地理学的发展

欧洲在文艺复兴以后，科学有了极大的发展。在天文地理学方面的代表人物有“近代天文学始祖”称号的丹麦天文学家第谷，有奠定天体力学的德国天文学家开普勒，有科学的天才——意大利天文学家、力学家、哲学家伽利略，有现代美国天文学家哈勃，有提出“大陆漂移说”的德国地质学家魏格纳……

第谷发现新星

第谷·布拉赫（1546～1601）

第谷·布拉赫，丹麦天文学家，出身于斯坎尼亚的一个贵族家庭。

第谷被称为“近代天文学始祖”。他的最大贡献是1572年11月11日发现仙后星座中的一颗新星，并于1573年发表题为《新星》的重要论文，这颗新星的发现动摇了亚里士多德“天体不变”的学说。

为了完成庞大的天体观测计划，第谷把丹麦国王赠与的全部补助金用于在弗恩岛上建立有名的福堡天文观测台，并设计制造了许多仪器。第谷未竟事业由开普勒继承下来，开普勒在总结第谷观测资料的基础上，提出了行星运动三定律，并完成鲁道夫星表编制工作。

有一天，在丹麦的哥本哈根发生了一次日食。由于事前天文台预报了这次日食的发生时间，因此，在那天，人们都翘首仰望天空，等待着日食的到来。果然，原来光芒四射的太阳慢慢地缺了一角，就像一块圆饼被人咬了一口。接着，缺口越变越大，天色也越变越暗。激动的人们为这一奇观拍手欢呼。

人群当中有一位少年，一言不发地站在那儿，目光紧紧地盯住太阳，眼睛不眨一下，仿佛要把这一过程完完整整地印在脑海中。这位少年的名字叫第谷。

“星空原来也蕴涵着这么多的奥秘。天文台的科学家真厉害，竟然事先知道日食发生的时间。”通过这一次观看日食，第谷对天文学产生了浓厚的兴趣。

长大后，他到德国罗斯托克大学攻读天文学。毕业后，专心致志地研究心爱的天文学。

他在学习、工作期间，每天晚上总要抽出一段时间观测天空，从不间断。

1572年11月11日晚上，第谷习惯地来到“老地方”。他像查户口似的用望远镜扫过一个又一个的星星。当他“查”到仙后座附近时，突然发现那儿多了一颗星星。

“难道这是一颗新星?”第谷喃喃自语道。要知道，在当时，古希腊著名科学家亚里士多德的“天体不变”的理论还统治着天文学界。人们普遍地认为，天空中的星星是永远不会变的。第谷能立即闪过这样的念头，实属不易。

在这以后，第谷紧紧地盯住这颗“陌生的星”。它一天比一天亮，甚至有时在白天太阳光下也能见到它的“倩影”。

“这一定是颗新星!”第谷终于做出了判断。这无异于一声春雷，使沉闷的天文学界听到了春天的脚步声。

第谷紧追不舍地对新星做了长达1年零4个月的观测，直至1574年3月，这颗星消失为止。在这期间，他详尽地记录了新星的颜色、光度、所处的方位等情况。

后来，人们为了纪念他的功绩，将这颗新星命名为“第谷新星”。由于在天文学研究方面取得了丰硕成果，他被后人尊称为“近代天文学始祖”。

开普勒奠定天体力学

开普勒（1571～1630）

开普勒，德国天文学家，生于魏尔。

开普勒青年时在符腾堡的德语学校和拉丁语学校学习。1588年进蒂宾根大学，开始研究哥白尼的天文学。1594年成为格拉茨新教神学院数学教师。1598年开普勒被迫离开家乡到布拉格，在那里结识了天文学家第谷，1601年第谷逝世，开普勒继承了第谷的未竟事业。

开普勒的主要成就为天体力学奠定了基础，他利用第谷多年积累的观测资料，进行仔细分析研究，发现了行星运动的三定律：第一定律即椭圆轨道定律——行星轨道呈椭圆形，太阳在一个焦点上；第二定律即相等面积定律——在相等的时间内，行星和太阳连线所扫过的面积是相等的；第三定律即调和定律——任何两行星公转周期的平方同轨道半径长的立方成正比。这三条定律为以后牛顿发现万有引力定律打下了基础。

开普勒在第谷工作的基础上，经过大量的计算，最终于1627年完成了鲁道夫（丹麦国王之姓）恒星星表编制工作。还创立了大气折射理论，并据此提出了天体望远镜即折射望远镜的原理。

开普勒的主要著作有《神秘的宇宙构造》、《天文新星》、《折射学》、《和谐的宇宙》等。

伽利略——科学的天才

伽利略（1564～1642）

伽利略，意大利天文学家、力学家、哲学家，出生于比萨。

11岁随家迁居佛罗伦萨，进修道院学习。17岁开始钻研古希腊学者欧几里得、阿基米得等的著作。

伽利略是利用望远镜观察天体取得大量成果的第一个科学家。他的重要发现有：月球表面凸凹不平，木星的4个卫星，太阳黑子和太阳自转，金星、水星的盈亏现象，以及银河由无数恒星组成等。这些发现开辟了天文学新时代，还证明根据木星的卫星位置可判定海面的地理经度，对发展航海事业具有实际意义。

伽利略纪念碑

伽利略是经典力学和实验物理学的先驱者。他确定了自由落体定律，即在可忽略空气阻力的实验条件下，各球体同时落地，落下的速度与物体重量无关。还发现物体惯性定律、合力定律、摆振动的等时性、抛体运动规律，并确定了伽利略相对性原理，对基本运动概念如速度、加速度等提出了严格的表述方式。

伽利略反对教会的经院哲学，要求从具体的实验研究中去认识自然规律，认为经验是知识的唯一源泉，承认世界客观性、宇宙无限性和物质永恒性，这些观点对发展唯物主义哲学具有重要意义。

爱思考的学生

伽利略上大学一年级时，有一天，他和信教的同学们一起到比萨大教堂做礼拜。突然一阵风吹进来，伽利略被头顶上随风而起的响声所吸引，不由抬头望去，原来是屋顶的吊灯被风吹得来回摆动。

自幼对机械感兴趣的伽利略被来回摆动的吊灯迷住了。他没有再听教父美妙动人的说教，而是专心致志地观察着吊灯的摆动。

看着看着，伽利略忽然发现，这吊灯来回摆动得太有节奏了。凭着直觉，他感到尽管吊灯摆动的幅度不同，但往返所需要的时间却是一样的。

这时，他想起了医学老师说过，正常情况下，人的脉搏跳动是均匀稳定的，那么用脉搏跳动的次数不就可以测知吊灯摆动往返所需要的时间是否一样了吗？

伽利略立即用右手按住了左手的脉搏，心中默数着吊灯每一个往返过程中自己脉搏跳动的次数。吊灯摆动的幅度越来越小了，可他所数到的脉搏次数却都是一样的。也就是说，吊灯的摆动具有等时性的特点。

回到家里，经过细致的观察和测量，他进一步发现，摆动一次所用的时间跟所吊物体的重量没有关系，而与摆长有关。

就这样，善于观察、勤于思考的伽利略从一种很常见的现象中得到了启示，经过反复的验证，他终于创立了“单摆等时性定律”。不久，他运用这一原理造出了脉搏计。

伽利略的温度计模型

今天，伽利略创立的“单摆等时性定律”已经广泛应用于时钟计时、测算日食和推算星辰的运动等

方面。

伽利略在学习医学的过程中，认识到人的生病与体温变化有很大的关系。也就是说，通过了解人的体温有助于确定其身体状态。可在当时，医生只能用手触摸病人，凭感觉来推测人体的大致温度，这种方法显然容易产生误差，并不准确。

伽利略想，能不能发明一种可以精确地测出病人体温的仪器呢？

一天，他在沉思之中，偶然看到一个小孩正在玩一种玩具。这种玩具据说是古希腊人发明的。它的结构很简单，在U形的玻璃管里装一半水，将弯管的一端用铅密封，另一端用玻璃密封，使管中的空气跑不出来。玩的时候，在铅下加热，U形管中的水就会向回退缩；移开铅下的火源，铅球冷却，水就会升到原来的位置。

伽利略看着看着就产生了一个新的想法："为什么不根据热胀冷缩的现象来制作温度计呢？"

于是，伽利略便对热胀冷缩的现象进行进一步研究，并在此基础上设计了许多方案。然而，科学发明不可能一蹴而就，他的方案一次次地失败了。

寒来暑往，10余年的时间过去了。1593年，伽利略发明了第一支空气温度计，但这支温度计也有缺陷。直到1659年，法国天文学家布里奥利用水银沸点较高的特性，制成了水银温度计。这种温度计可测得357℃的高温，也可测得－39℃的低温。

教会审判伽利略时的情景

哈勃与现代天文学

哈勃（1889～1953）

哈勃，美国天文学家，出生于密苏里州的马什菲尔德。1910 年毕业于芝加哥大学。

哈勃主要研究现代河外天文学。1923～1924 年在威尔逊天文台时，他用 100 英寸望远镜得出仙女座螺旋状星云照片，并发现该星座 36 颗变星，其中 12 颗为造父变星。根据这些变星算出到上述星云的距离为 90 万光年（现在的数据为 200 万光年），证明螺旋状星云属于距离银河系很远的星系。1925 年，哈勃进一步研究银河系结构，发现了一些新的恒星、造父变星、球状星团、气态星云、红巨星、超巨星等星体，并确定到达这些星体的距离以及河外距离的标度。

现代航天飞船拍摄的土星照片

1929 年，哈勃把斯里弗所测量的银河系视向速度与到达银河系的距离进行比较，得出两者之间的线性关系，即哈勃定律，并确定这一关系的系数值即哈勃常数。这一发现是扩大宇宙概念的观测基础，哈勃在河外天文学方面有 2 部著作，即 1936 年出版的《星云世界》和 1937 年出版的《宇宙观测法》。

魏格纳提出“大陆漂移说”

魏格纳（1880～1930）

魏格纳，德国地质学家，出生于柏林。

魏格纳是“大陆漂移假说”的创立者。这一假说认为，组成洋底的岩石与组成大陆的岩石原则上是各不相同的。前者重，以硅镁为主，称为“硅镁层”；后者轻，以硅铝为主，称为“硅铝层”。轻而硬的硅铝陆壳像“冰山”一样，在塑性而致密的硅镁层上进行漂移。他从地貌学、地质学、地球物理学、古生物和生物学、古气候学、大地测量学的角度对这一假说做了严密论证。为获得第一手资料，他曾 4 次到格陵兰探险，进行实地考察，最后牺牲在格陵兰。

魏格纳的“大陆漂移假说”已发展为当时最盛行的大地构造理论——板块构造学说，对现代地质学的发展影响很大。

魏格纳在气象学方面，研究大气圈上层热力学和极地冷气团的运动，特别是在高空探测气球活动中，曾打破当时的世界纪录。

病床上的科学发现

1910 年的一天，年轻的魏格纳因病住进了医院。

他百无聊赖地躺在病床上，不时地对着床对面的世界地图呆呆地出神。

实在无聊的时候，魏格纳就站了起来，用食指沿着地图上的海岸线，画着各个大陆的海岸线，借此消磨时光。

他画完了南美洲，又画非洲，画完了大洋洲，又画南极洲。突然，他的心念一闪，手指慢了下来，停在地图上南美洲巴西的一块突出部分，眼睛却盯住非洲西岸呈直角凹进的几内亚湾。瞧！这两者的形状竟是让人不可思议地吻合！

魏格纳被自己偶然的发现惊呆了，他精神大振，寂寞也一下子跑得无影无踪了。

“难道这是真的？”

魏格纳兴奋起来，他站在这张世界地图的面前，仔细地端详着美洲、非洲大陆外形上的不同特点。真的！巴西东海岸的每一个突出部分，都能在非洲西海岸找到形状相似的海湾；同时，巴西的每个海湾，又能在非洲找到相应的突出部分。

“这不会是一种巧合吧？”

兴奋的魏格纳一口气将地图上的一块块陆地都进行了比较，结果发现，从海岸线的相似形状上看，地球上所有的大陆块都能够较好地吻合在一起。

于是，这位病中的年轻人的脑海里形成一个崭新的惊人思想：在太古时代，地球上所有的陆地都是连在一起的，即只有一块巨大的大陆板块。后来因为大陆不断漂移，才分散成今天的各个大陆，因而它们之间的海岸线有着惊人的吻合。

为了给自己的学说寻找证据，他随后收集了包括海岸线的形状、地层、构造、岩相、古生物等多方面的资料，并认真地进行了分析探索，终于在1912 年完成了科学巨著《海陆的起源》，正式提出了“大陆漂移说”。

在 1912 年德国地质协会的讲演会上，魏格纳向科学界人士说明，现在世界上的各大洲在古生代是一个连接在一起的巨大的大陆块。那时还没有大西洋，整个陆地的周围被原始海洋所包围。2 亿年前，由于太阳、月球对地球的引潮力以及地球自转所产生的离心力的作用，古大陆开始分崩离析。

大陆慢慢分裂成若干块，就像冰块浮在水面上一样，这些花岗岩质陆地浮在玄武岩质基底上，逐渐漂移分离。美洲脱离了欧洲和非洲向西移动，在它们中间逐渐形成了大西洋。非洲有一半脱离了亚洲，在漂移过程中，它的南端沿顺时针方向略有扭动，渐渐与南亚次大陆分离，中间形成了印度洋。南极洲、澳大利亚则脱离亚洲、非洲向南移动，而后又彼此分离，形成了今天的南极洲和澳大利亚。

由于大陆漂移，大陆前缘受阻，形成了褶皱山脉，如科迪勒拉山系等。大陆漂移的最后结果，终于形成了今天地球上的各大洲。

魏格纳提出的“大陆漂移说”，否定了自古以来人们一直认为大陆不变的看法，第一次成功地解释了地球上陆地和海洋分布现状的成因，把地质学向前推进了一大步。同时，它为找矿、地震预报等提供了科学依据。

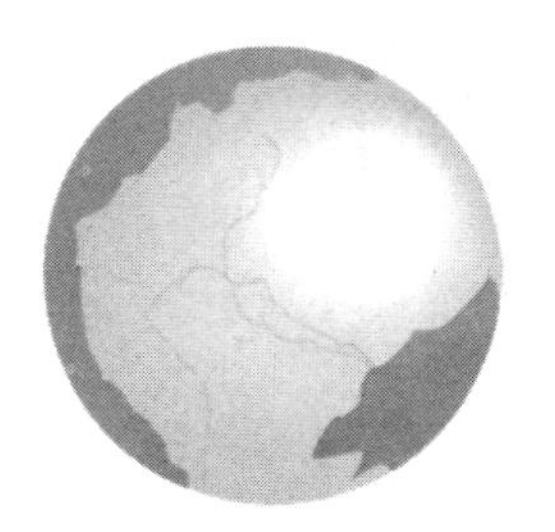

大陆漂移示意图

物理学的发展

在自然科学的重要学科物理学方面，杰出的代表人物有英国物理学家、天文学家胡克，有集物理学家、数学家、天文学家于一体的、对科学作出巨大贡献的牛顿，有法国数学家、物理学家帕斯卡，有给地球称“体重”的英国物理学家、化学家卡文迪许，有发现能量守恒定律的英国物理学家焦耳，有测量光速度的美国物理学家迈克耳孙，有发现X射线的德国物理学家伦琴，有闻名世界的法国物理学家、化学家居里夫人，有发现电子的英国物理学家汤姆生……

罗伯特·胡克发现“胡克定律”

胡克（1635～1703）

胡克，英国物理学家、天文学家，出生于英格兰威特岛的弗雷施瓦特。

胡克是17世纪英国最优秀的科学家之一。他的成就是多方面的。在光学和引力研究方面仅次于牛顿，而作为科学仪器的发明者和设计者，在当时是无与伦比的。

1665年，胡克提出“光的波动学说”，把光振动的传播同水波的传播相比较。1672年，他进一步指出，光振动可以垂直于它的传播方向。

胡克根据弹簧试验的结果，于1660年发现并于1676年发表“胡克定律”，即在弹性极限内，弹性物体的应力与应变成正比。

1674年，胡克根据修正的惯性原理以及背离太阳的离心力同向着太阳的吸引力之间的平衡，提出了行星运动的理论。

胡克设计和发明的科学仪器很多，其中有空气唧筒、发条控制的摆轮、复式显微镜、望远镜、轮形气压表、胡克接头等。他用自制的第一台反射望远镜观察火星运动，并用自制的显微镜观察木栓的细胞；第一次使用“细胞”这个词，还发现了细胞壁。

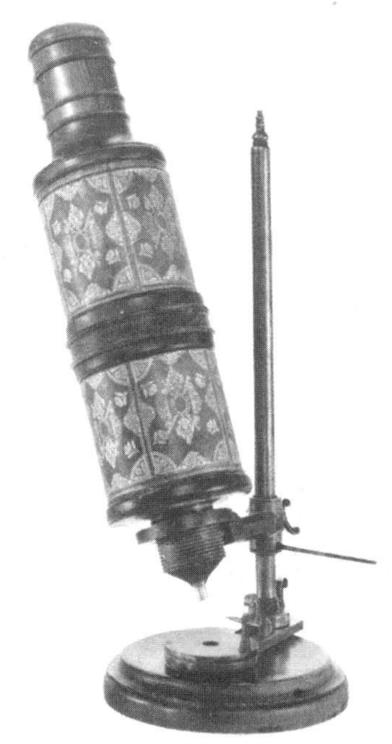

罗伯特·胡克发明的显微镜

牛顿对科学的伟大贡献

牛顿（1643～1727）

牛顿，英国物理学家、数学家、天文学家，出生于林肯郡沃尔索浦。

牛顿从小喜欢手工劳动，他做的风车、风筝、日晷、漏壶等都十分精巧。1665年毕业于剑桥大学三一学院，获学士学位。1668年获文学硕士学位。1669年任三一学院的数学教授，曾任英国皇家学会会长。

在力学方面，牛顿在伽利略等人的基础上进行深入研究，总结出机械运动的三个基本定律。他进一步发展了开普勒等人的工作，发现万有引力定律，把地球上物体的力学和天体力学统一到一个基本的力学体系中，创立经典力学体系。它正确地反映了宏观物体低速运动的客观规律，实现了自然科学的第一次大综合，这是人类对自然界认识的一次飞跃。

在光学方面，牛顿用三棱镜分析日光，发现白光由不同颜色（即不同波长）的光构成，这成为光谱分析的基础，并制作了牛顿色盘。他还发现光的一种干涉图样，称为“牛顿环”，创立光的“微粒说”，这在一定程度上反映了光的本性。

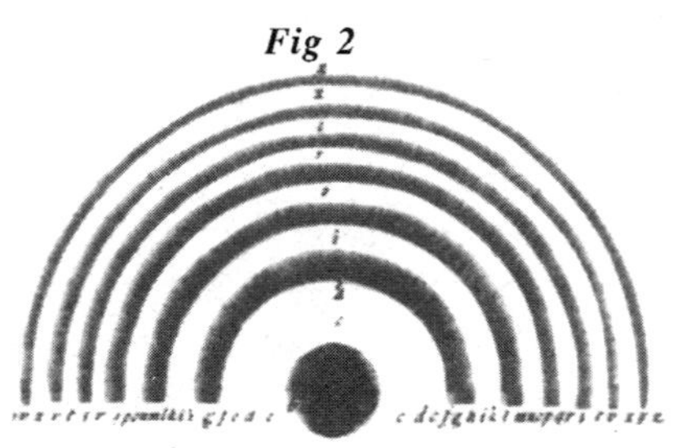

牛顿用图来描述光与颜色的原理

在热学方面，牛顿确定了冷却定律。

在数学方面，牛顿在前人工作的基础上，建立了二项式定理；并和莱布尼兹几乎同时创立了微积分学，开辟了数学上的一个新纪元。

在天文学方面，牛顿于1671年创制反射望远镜，初步考察行星运动规律，解释潮汐现象，预言地球不是正球体，并由此说明岁差现象等。

牛顿的名作《自然哲学数学原理》用数学解释了哥白尼学说和天体运动的现象，阐明了运动三定律和万有引力定律等。

让妈妈不放心的孩子

有一回，牛顿赶着马去送麦子。在回来的路上碰到山坡，牛顿只好牵着马走。他带着完成任务的轻松心情，边走边想起学习的事来。上到坡顶，他打算骑马下山。可是回头一看，马不见了，缰绳还捏在手里，他赶紧四下寻找。一直找到家里，推门一看，马在那里津津有味地吃着草料呢！原来不知什么时候，马嚼子掉了，马独自跑回家来了。他因为专心读书，放羊让羊跑丢了的事也时有发生。看到牛顿精神恍惚的样子，妈妈很发愁，常常向舅舅诉苦，舅舅听后则哈哈大笑，认为小牛顿好学上进，反而劝牛顿的妈妈让他继续上学。

与众不同的哥哥

牛顿从小就是一个与众不同的孩子，他总是能让人大吃一惊。

1658 年 9 月 3 日，罕见的暴风雨侵袭了英国，河水泛滥，树木也被连根拔掉。村子里能干活的人，不管男女，全都顶着狂风，冒着大雨跑到地里去，有的立木桩，有的垒挡风墙，大家都在拼命地干着。

天空一片漆黑，狂风还不停地刮着，牛顿家的房子呼啦呼啦地直晃，就像要倒了似的。牛顿这时还是一个十几岁的小孩子，他同自己的母亲和弟弟、妹妹住在一起。

“哥哥在哪儿呢?”

最小的妹妹听见风声却找不到哥哥，这时大家才发现牛顿不见了。大家着急地四处寻找，好不容易才在后院里找到了牛顿。这时，牛顿的头被大风吹得乱蓬蓬的，浑身被雨淋得湿透了。他像个疯子似的顶着大风，跑来跑去。

原来，牛顿很想知道，这么强的风，究竟用多么大的力气能把东西吹跑，他一定要了解风力。

他想得入了迷。什么家里的事呀、地里的活呀，全都忘个精光。

牛顿冒着狂风暴雨来到后院，先是顺着风拼命地跳，接着又迎着风拼命地跳，然后又侧身向着风跳着，并且还把斗篷抛起来以测试风力与接触

面积的关系。

苹果掩盖的真相

1666年秋天的一个傍晚，工作了一天的牛顿下楼休息。院子里香气扑鼻，偏西的太阳把树上熟透了的苹果映得通红，使人垂涎欲滴。

长期以来，牛顿总隐隐约约地感到，在神秘的自然界后面，一定有某种规律在支配着它的运动。可是这个规律是什么呢？

“噗！”一只熟透了的苹果落在牛顿的面前，把他从遐想中唤醒。

啊！一只熟透了的苹果。牛顿弯腰把苹果捡起来，细细地端详着它，从右手转到左手，又从左手换到右手。牛顿似乎要从那熟透了的苹果中去找出这种神秘的谜底。突然，他的手停住了，目光闪闪发亮。苹果为什么往地上掉，而不朝天上飞？朝天上抛的石子为什么最后还要落下来？这不是地球在吸引它吗？手里的苹果沉甸甸的，这不就是地球吸引它的力量吗？开普勒猜测行星绕日运动，是因为太阳吸引它们。看起来，这种引力不但太阳存在，地球同样也存在。地球周围的物体，不正是因为受到地球的吸引而都落向地面的吗？

牛顿的望远镜

牛顿抬起头来，立刻否定了刚才的念头，一轮弯弯的明月挂在天边。它似乎在调皮地向牛顿微笑：“瞧，我偏不掉下来！”

是啊，为什么苹果落下来，而月亮却一直绕着地球转呢？牛顿陷入沉思，对这个问题日夜思考着。

几天以后，牛顿终于克服了月球的挑战，得到引力作用下物体运动的图像，并把它画在笔记本上。图像表明，由于物体水平方向的运动速度不同，受地球引力作用的物体会有不同的运动轨迹。自由落体的轨迹是直线；一个平抛物体的轨

迹是抛物线；水平速度达到一定大小的时候，惯性离心力和地球引力平衡，就产生绕地球的圆周运动。月球就是这样在运动着的。这个普遍存在的引力决定了重物的坠落，也支配着宇宙间天体的运动。

月球和地球之间的关系，也适合于太阳和围绕它运行的行星之间的关系。牛顿进一步研究，终于通过计算，从开普勒的定律中成功地推导出引力同距离的平方成反比，从而发现了举世闻名的万有引力定律。

帕斯卡与数学和物理

帕斯卡（1623～1662）

帕斯卡，法国数学家、物理学家，出生于克莱蒙费朗。

1631年迁居巴黎。在其父的影响下，16岁就参加巴黎数学家小组和物理学家小组的活动，他的第一篇《关于圆锥曲线论文》就是在这个时期发表的，被称为帕斯卡定理。

帕斯卡发表过许多关于算术级数和二项式系数的论文，研究了二项式展开的系数规律，提出了所谓算术三角形，称为帕斯卡三角形。与费马共同建立了概率论和组合论的基础，并得出关于概率论问题的一系列解决方法，研究了摆线问题，得出求不同曲线面积和重心的一般方法。计算了三角函数，包括正切的积分，并引入椭圆积分。此外，还设计和制造了一种二进制算术运算的计算器，为后来计算机的设计提供了最初原理。

在物理学方面，帕斯卡研究了气体压力学和液体静力学，提出了密闭流体传递压强的定律，称为帕斯卡定律。

帕斯卡对气压计的启示

法国著名科学家帕斯卡决心进一步探讨大气压是否恒定的问题。他想，既然大气压力因为空气重量而产生，那么在海拔高的地方，由于空气层较薄，大气压应该会小些，玻璃管中的水银高度也应该低些。

帕斯卡为此爬上巴黎教堂顶上做实验，可结果水银高度与地面做时的高度几乎一样。“也许这是海拔高度相差太小的缘故。”他想。

看来，只好将实验放在海拔高的山上做。可他的身体不允许他爬山，他只好求助于他的内弟佩利尔。

1647 年 11 月，帕斯卡将自己的设想、实验的做法一五一十地告诉佩利尔。经过周密的准备，佩利尔按照姐夫的建议，将气压计带到法国南部的多姆山顶做实验。

实验结果证实了帕斯卡的假想，大气压随着海拔高度而变化。帕斯卡还根据实验结果，精确地计算出，在海平面以上，每升高 120 米，水银就降低 1 毫米。这意味着利用气压计可推算出所在地所处的海拔。

“海拔高度与大气压大小有关，那么气候是否与大气压有关呢？”

受到帕斯卡的启发。德国马德堡市市长盖里克在这方面做了较深入的研究。盖里克曾制作了一个水气压计。经过长期的研究，他找到了两者之间的某些关系，比如，在风暴来临前，气压会下降。据此，他成功地预报了 1660 年的一次严重风暴。

发明世界上第一台计算机

当时，帕斯卡虽在学术界里是闻名遐迩的“大人物”，但在家里，却常常给父亲充当助手。作为一名数学家和税务统计师，帕斯卡的父亲常常要计算大量的数据。每当这个时候，帕斯卡总是拿着一大叠纸张，进行繁琐的计算。父子俩常常算得头昏脑涨、汗流浃背。

“爸，要是发明一种‘会计算的机器’，该多好啊！”帕斯卡说。

父亲相信儿子的才能，便鼓励道：“这主意不错！好好干，准会成功。”

于是，帕斯卡下定决心，要发明“会计算的机器”。

凭着坚实的数学基础以及刻苦钻研的精神，帕斯卡的“会计算的机器”很快就有了眉目。他根据数的十进位制决定采用齿轮来表示各个数位上的数字，通过齿轮的比来解决进位问题。低位的齿轮每转动10圈，高位上的齿轮只转动1圈。采用一组水平齿轮和一组垂直齿轮相互啮合转动的形式，以解决计算和自动进位的问题。

1643年，帕斯卡研制出了人称“世界第一”的机械式计算机。尽管这台机械式计算机的设计原理完全正确，可它在机械方面还有不少缺陷。

帕斯卡在科研中

帕斯卡发明的机械式计算机，在一定程度上减轻了像他父亲那样，整天与数据打交道的人的工作量。但是，它的功能还比较差，做乘法时必须用连加的方法；做除法时，也只能用连减的方法。而且，使用时，需用一个小钥匙拨动一下，方可计算；每次计算完毕，都必须复原到零位，下次方可计算。

但是，机械式计算机的发明意义远远超出了它本身的使用价值。正如一位法国著名科学家所说：“帕斯卡的设想，在当时，可以算作非常大胆。因为他给了人们这样的启迪：机器可以代替人的思考。”

发明油压机的故事

在进行大气压强实验时，帕斯卡设计了一个实验用具，将一个粗的玻璃管和一个细的玻璃管连接起来，两个玻璃管内的水是相通的。他把这个用具称为“连通器”。

在实验中，他发现，如果将两个玻璃管的开口都塞上活塞，然后分别在两个活塞上施加压力，就会在粗玻璃管活塞上产生较大的压力。

“这又是什么原因呢？”帕斯卡陷入了沉思。

有一天在家时，他忽然想到这可能与压强传递有关。

帕斯卡终于找到了突破口！他直奔实验室。

帕斯卡参加反对耶稣会活动

他经过一系列精确的实验，证实了自己的推测是正确的。

1648 年 10 月，帕斯卡发表了一篇论文——《论液体平衡》。他在文中阐述了密闭流体传递压强的规律：“加在封闭容器中的液体任何一部分的压强（即垂直作用于液体单位面积上的力），必然按原来的大小向各处传递。”它后来被人们称为“帕斯卡定律”。

这个定律说明，在粗细连通器上，在小活塞上加一个较小的压力，就可以在大活塞上得到一个大压力。举个例子来说，如果大活塞的面积是小活塞面积的 100 倍，那么，在小活塞上施加 1 千克向下的压力，在大活塞上就会产生 100 千克向上的力。

后来，人们在粗细连通器的基础上，用金属代替玻璃，用油代替水，并将油缸设计成油泵，于是油压机诞生了。

卡文迪许给地球称“体重”

卡文迪许（1731～1810）

卡文迪许，英国物理学家、化学家，出生于法国尼斯。

1749 年，他考入剑桥大学，未及毕业，于 1753 年到巴黎留学，主要研究物理学和数学，不久回到英国，在伦敦私人实验室从事科学研究工作。

卡文迪许在物理学方面有较大贡献，1798 年通过扭秤实验验证了万有引力定律，确定了引力常数和地球的平均密度；在电学方面，他发现了电容率，揭示静电荷是束缚在导体表面上的。

在化学方面，卡文迪许也取得了很大成就。他研究了氢气性质，在

1766年发表的《人造气体》一文中指出，氢是作为一种独特物质存在的，实验证明氢能燃烧；他还研究了二氧化碳性质，指出由腐烂和发酵产生的气体，与大理石受酸作用而产生的气体相同；他研究了水的组成，证明水是氢气和氧气的化合物，这一发现在化学史上开辟了新纪元；他研究了空气的组成，实验证明空气中存在惰性气体。

卡文迪许还研究热现象，研究的结果后来成为发现比热定律的根据。

卡文迪许是18世纪英国一位受人尊敬的科学家，著名的剑桥大学的卡文迪许实验室，就是为纪念他而建立的。

科学“怪”老头

有人说：“除了修道士们以外，卡文迪许可能比有史以来任何一个活到80岁的人讲话更少。”

有一次，卡文迪许的好友天文学家赫歇耳来拜访他，两人同桌进餐，餐厅里几乎只有赫歇耳一人在讲话。他兴致勃勃地向卡文迪许讲述了用自己改进的望远镜观察天体的情况，卡文迪许默默地听着。赫歇耳也许感到自己讲得太多了，于是停下来，好让主人说几句。卡文迪许也感到一言不发不太礼貌，想了一会儿，才憋出了一句话：“赫歇耳博士，你确实看到星星是圆的吗?”

赫歇耳听到了朋友的问话，感到十分高兴，便大声说：“圆得像一个纽扣。”

赫歇耳还想等他朋友的第二句话，没想到卡文迪许又不吭声了。于是两个人就在沉默中用完餐。送别的时候，卡文迪许才又说出第二句话：“圆得像个纽扣?”

给地球“称”体重

卡文迪许科学研究的兴趣非常广泛，既涉及化学领域，又有物理学方面的问题。他的视野非常开阔，大至地球，小至分子，所有的奥秘他都愿

意探索。

说到地球，它大到谁也无法一眼看完，更不要说去“称”它的重量了，卡文迪许就偏要给地球“称”重量。

有一天晚上，他点起蜡烛，无意中看到自己的影子映在室内的墙上，由此他猛然想出利用扭秤、蜡烛等器具来验证万有引力定律。他取来一根细长的木杆，在木杆的两端各装上一个同样重的小球，做成一个哑铃状的东西，并悬挂在一根细丝上，然后把两个固定的大球分别放在这两个小球的旁边。根据万有引力，这两个大球与小球之间必然互相吸引，而大球是固定不动的，小球是悬挂易动的。因此，这必然会引起小球的转动，并使细丝发生偏转。实验时，果然发生了预期的效果，但是细丝的偏转是很小的，卡文迪许就在细丝上安上一面小镜子，在小镜子前面点上一支蜡烛，烛光通过小镜子反射到标尺上，细丝发生偏转时，反射在标尺上的光也发生相应的偏转。卡文迪许就是通过这样一个非常巧妙的实验，测出了引力数值是 6.72×10^{-8}（厘米^3/克·秒^2），与当今的精确数值 6.672×10^{-8}（厘米^3/克·秒^2）非常接近。卡文迪许在当时就能有如此丰富的想象力和绝妙的实验设计，不仅是他同时代的人无法相比，就是现在的人也要拍手叫绝。

有了引力常数，再根据当时已经推算出的地球半径 6×10^8 厘米，以及通过自由落体实验测定出的地球的重力加速度值，卡文迪许就很容易地计算出地球的质量约为 6×10^{27} 克，这与当今的精确的地球质量 5.976×10^{27} 克的误差极小。

卡文迪许“称”出地球质量，在天文学上有重大的贡献。从此以后，宇宙中其他星球的质量，都可以按这种方法计算出来。

焦耳发现能量守恒定律

焦耳（1818～1889）

焦耳，英国物理学家，出身于曼彻斯特一个酿酒厂主家庭。

他从小随父参加酿酒劳动，没有进过正规学校学习，1835 年认识曼彻斯特大学教授道尔顿。在他的帮助下，焦耳通过艰苦自学，终于成为一位有成就的科学家。

焦耳一生大部分时间是在实验室里度过的，他做过的实验有400多个。1840年，22岁的焦耳经过多次通电导体产生热量的实验，发现电能可转化为热能，并得出一条定律：电导体所产生的热量与电流强度的平方、导体电阻和通电时间成正比，被称为焦耳—楞次定律。

在这一发现的基础上，焦耳继续探讨各种运动形式之间的能量守恒和转换关系。焦耳在论文中宣布，自然界的能是不能毁灭的，哪里消耗了机械能，总能得到相当的热，热只是能的一种形式。这一宣布打破了统治多年的所谓热质说的机械唯物论，从而引起轰动。此后，焦耳继续改进实验方法，不断提高实验精确度，终于得出了一个重要的物理常数，即热功当量。后人为了纪念他，把功和能量的单位称为“焦耳”，简称“焦”。

走入科学误区的少年

19世纪初叶，“永动机热”席卷整个欧洲。

“爸爸，我想设计一种机器，它一旦运转起来，就不再消耗能量了。”有一天，焦耳天真地对父亲说。

“这可能吗，詹姆斯？”父亲惊疑地问。

“可能的，爸爸。”焦耳充满信心地回答说，“听说有人已经设计出来了，还拿出来公开展览呢！”

从此，为了发明永动机，焦耳几乎消磨了他全部的业余时间。他经常通宵达旦地冥思苦想，设计图纸，制作加工零件。经过几个月的顽强奋战，焦耳制造出了一部崭新的机器模型。

焦耳聚精会神地试了起来，然而这部机器模型中看不中用，人力使它动作起来以后，它只动了几下，就不动了。

接着，焦耳又搞出了几个改进过的设计，但都以失败而告终。这些看起来十分漂亮的机器，实际上是一堆废物。

失败乃是成功之母，迷途的终点常常就是坦途的起点。迷途知返的焦耳进入青年时代以后，经过几年的努力学习，勤奋实践，终于从反面的教训中，找到了热功当量值，并逐渐认识到，能量只能从一种形式转化为另一种形式，绝不能无中生有。

为了让后人少走弯路，焦耳成名后还现身说法，语重心长地告诫那些仍在迷恋永动机的人："不要永动机，要科学！"

发现能量转变的秘密

焦耳对能量转变研究的方法与他人有所不同，他采取的是严格进行定量实验分析的方法。焦耳对由电流激起的热量进行试验，测定热量与电流强弱和时间的相关性。在研究电流的热效应过程中，焦耳测定了电热当量。

1842 年，为了准确测定量值，焦耳设计了一个特殊的实验。他用一个保温性良好的容器装上水，再浸入一个叶轮，叶轮由绳筒带动，而绳筒本身又与下垂的重锤相连接；然后他用重锤下落所做的功和叶轮转动使液体温度升高的办法来求出热功当量。经测定，焦耳发现 427 千克米的功可以产生 1 千卡的热量。令人遗憾的是，焦耳的研究成果同迈尔的一样，起初并未引起人们应有的重视。

除迈尔与焦耳之外，还有俄国化学家赫斯、德国物理学家霍耳兹曼、丹麦工程师柯耳丁、德国重量学家和物理学家亥姆霍兹、法国物理学家伊伦，他们都在 19 世纪 40 年代～50 年代初独立地发表过有关能量守恒的论文。

这么多不同学科的科学家们，在差不多同一时期内独立地发现了物质运动之间能量的守恒性。有鉴于此，物理学就把这些各自不同的发现综合归纳为能量守恒定律。

迈克耳孙测量光的速度

迈克耳孙（1852～1931）

迈克耳孙，美国物理学家，出生于德国斯特雷诺。

迈克耳孙从小在美国受教育，1872 年毕业于美国海军学院。1925～

1927 年任美国国家科学院的院长。他还是美国物理学会、哲学学会的会员。

迈克耳孙在光学方面的第一项成就是发明一种用以测定微小长度、折射率和光波波长的干涉仪，称为迈克耳孙干涉仪。1885 年，他与美国化学家、物理学家莫雷进行了著名的迈克耳孙—莫雷实验，它否定了以太的存在，从而促进了相对论的建立。

迈克耳孙用了将近 10 年的工夫以改进用于干涉测量和光度测量的衍射光栅。1920 年，他设计出一种恒星干涉仪，用它可测量恒星的直径。

迈克耳孙最重要的贡献是 1926 年在相距约 22 英里的两山之间，利用多面镜法较精密地测定了光的速度。

迈克耳孙因发明精密的光学仪器及其在光学测量中所取得的成就，于 1907 年获诺贝尔物理学奖，他是获得诺贝尔奖的第一个美国人。

伦琴发现 X 射线

伦琴（1845～1923）

伦琴，德国物理学家，出生于德国尼普镇。

伦琴在 50 年的研究工作中一共发表了 50 多篇论文。他在科学上的最大贡献是发现 X 射线，后人称为“伦琴射线”。后来他通过 X 射线晶体衍射实验，证实 X 射线是一种波长很短的电磁辐射。X 射线的发现给现代物理学提供了一种新的研究手段，在光电效应研究、晶体结构分析、金相组织检验、材料无损探伤、人体疾病的透视与治疗等方面有着广泛用途。

伦琴在研究电磁现象中还发现，在充电的固定平行板电容器中，使介质旋转，能产生磁场。在弹性、液体的毛细作用、气体比热、热在晶体中传导、压电现象以及偏振光的磁致偏转等方面也都有研究。

伦琴因发现 X 射线而誉满全球，1901 年获第一届诺贝尔物理学奖。

轰动世界的照片

1896 年 1 月 2 日深夜，维也纳的《新自由报》即将付印时，收到了一份急件，编辑打开一看，里面竟是一张奇特的照片——一只手的骸骨，在手骨的无名指上还戴着一枚戒指。

第二天，全城轰动了！不久，各地报纸竞相转载，全世界都轰动了！

报纸上所登的照片，是伦琴夫人的照片，一只活人的、有血有肉的手，怎么在照片中只剩下了令人生畏的骨架呢？真是不可思议！奥秘在哪里呢？原来这是伦琴发现了一种奇妙的射线！

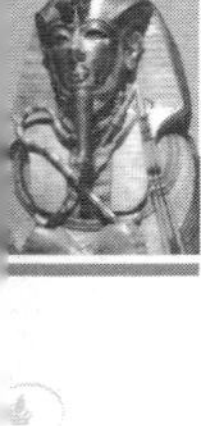

1895 年 11 月 8 日傍晚，伦琴在研究阴极射线时，把一张黑色的硬纸板卷在克鲁克斯管（一种抽去了一些空气的玻璃管）的外面。在下班的路上，他忽然想起自己忘了切断电路，以使那个跟克鲁克斯管连接的感应圈停止工作。于是他返回实验室，他没有开灯，就摸到桌边去关掉电路。突然，他发现在黑暗的实验室里有东西闪烁着不太明亮的冷光。这个奇异的现象，立刻引起了伦琴的注意，他仔细一看，那放冷光的物体原来是一张涂了氰亚铂酸钡的纸。氰亚铂酸钡是一种能放磷光的物质，只要旁边有强光向它照射，它就会放冷光，但是眼前的实验室是漆黑的，克鲁克斯管虽然还在放冷光，但光线是微弱的，它不可能使氰亚铂酸钡射出磷光，那么究竟是什么使这张磷光屏在黑暗中发光呢？

经过反复的实验，伦琴证实这是一种新的射线。这种光线人是看不见的，但它能自由地穿过多种物体，就像普通光线穿过玻璃一样，透过书本、衣服、木头、人体等。

第二天是周末，学生放假，研究所活动不多，正是继续进行实验的好机会。伦琴一大早就来到实验室，忙碌了整整一天，以后又连续抓紧实验了好几天。他系统地记录了各种实验装置以及实验中所发生的一切现象，然后，又连续工作好几个星期，专门来确定这种放射的性质。

有一次，他在实验中拿着一块铅片，放到适当的位置，然后通电。这时，在他面前出现了令人惊异的现象，他不但看到了出现在荧光屏上的铅片的圆形黑影，而且还清楚地看到了他的手指的轮廓，那是一只骷髅手，整个手的骨骼看得清清楚楚。这天晚上，当妻子来到实验室后，伦琴叫她帮忙。他让妻子把手按在用黑纸包的底片上，然后用放电管对准，照射 15 分钟后拿去显影，结果就出现了我们前面所说的那张轰动世界的照片。

伦琴妻子对这神秘的射线感到不可思议，便向丈夫问道："这是什么射线?"

"我也不知道叫什么射线，它还是一个 X（表示未知）!"伦琴停了一会儿，又说道，"不如就叫'X 射线'吧!"

此后，这种神秘的射线，就被称为"X 射线"。为了纪念它的发现者伦琴，人们也叫它为"伦琴射线"。

玛丽·居里与放射性元素研究

居里夫人（1867 ~1934）

居里夫人，法国物理学家、化学家。

她世称居里夫人，原籍波兰华沙。在她出生的年代，波兰正处在俄国沙皇侵略者的统治下，妇女受到歧视，不能上大学。她于 1891 年到法国巴黎大学读书，由于学习努力，两年内连获物理学硕士学位和数学硕士学位。在此期间，她认识了法国科学家皮埃尔·居里。

居里夫人在工作

在前人的基础上，居里夫人几乎检查了所有化合物，发现了与铀相似的钍化合物，接着又检查沥青铀矿、辉铜矿等多种矿物。经过反复的检查试验，她在沥青铀矿中发现了有一种比铀或钍的放射性强得多的元素。为了研究这种新元素，她和丈夫废寝忘食，昼夜不停地工作，终于在 1897 年 7 月在含铋的部分

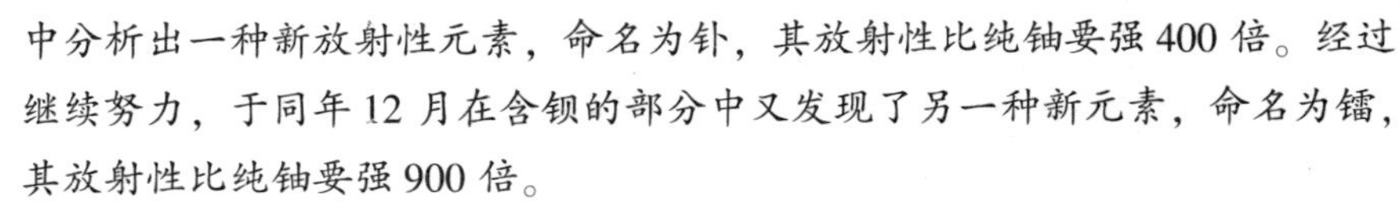

中分析出一种新放射性元素，命名为钋，其放射性比纯铀要强400倍。经过继续努力，于同年12月在含钡的部分中又发现了另一种新元素，命名为镭，其放射性比纯铀要强900倍。

但镭在铀矿中含量微乎其微，居里夫妇克服种种困难，终于在1902年从几吨沥青铀矿中提炼出微量（0.1克）氯化镭，并初步测出镭的原子量为225。由于放射性现象这一划时代的发现，居里夫妇与亨利·贝克勒尔于1903年同获诺贝尔物理学奖。

居里夫人在丈夫去世后，仍然坚持不懈地工作。由于这些重大成就，居里夫人于1911年第二次获诺贝尔化学奖。为了纪念这位杰出女科学家对放射性元素研究的重大贡献，后人把放射性强度单位定为“居里”。

放射性元素，特别是镭的发现，突破了传统物理学范围，进入了一个新领域——微观世界，为原子物理学奠定了基础。

爱国的小玛丽

6岁的那一年，玛丽背起书包去上学。可是那个时候，她的祖国波兰已经被奥、俄等几个国家瓜分了，华沙当时被并入了俄国的领土。

在学校里，学生们只能学俄语，但是学校为了反抗俄国的统治，仍然偷偷地教学生们波兰语。

一天，俄国督学突然对学校进行检查。玛丽他们班上的老师正在教学生们学波兰语，大家听到消息后赶紧把书藏在了秘密的地方，然后桌子上又重新摆起了规定的教材。

督学进来以后，用怀疑的眼光扫了大家一眼后，气势汹汹地说道：“给我叫一个学生起来，我要考一考，是不是你们真的在学俄国的东西。”老师就叫学习最优秀的玛丽回答督学的问题。

督学看玛丽用流利的俄语回答着他提出的问题，有些怀疑地问玛丽道：“你是在俄国出生的？”

“不，我出生在波兰。”

“现在谁是你们波兰的领袖？”

玛丽此时只是咬着牙齿，她实在不愿意回答这个问题，老师和校长也

十分无奈地互相交换了一下眼神。

督学看了校长一眼，然后慢条斯理道："女士，你难道不教学生们这最神圣的名字吗？"

玛丽看着同学和老师惊恐的神态，她愤怒地回答道："是统治俄国领土的亚历山大二世陛下。"

"下次回答问题不允许故意拖延时间。"

说完，督学趾高气扬地跨出了教室。

这个问题深深地刺痛了玛丽幼小的心灵，等督学刚一走，玛丽便抱着老师痛哭起来，同学们也在下面默默地擦拭着眼泪。

回到家里知道这件事的父亲安慰玛丽道："一个国家，领土可以被侵略者夺走，民族的尊严也可以暂时遭到凌辱，但是你要记住，知识是永远无法从人们的头脑里夺走的！"

从此以后，玛丽更加用功读书了。

有趣的回答

有一天，一个到处寻访居里夫人的美国新闻记者听人说这对夫妇正在不列颠的一个叫做波尔都的渔村里度假。记者到了这个村里，找到居里夫妇所住的村舍。在村舍外，他看见了一个普普通通的年轻妇女（她就是居里夫人）赤着脚坐在门前的台阶上。

"你是这所房子的管家吗？"

"是的。"

"主妇在吗？"

"不，她在房子外面。"

"你想她会很快就回来吗？"

"不会。"

这个记者在台阶上坐了下来，又问："你可以告诉我一点关于你的主妇的个人情况吗？"

"无可奉告。只有一点，居里夫人叫我转告记者先生们，少打听些关于个人的私事，多打听些关于思想的问题。"

无私的居里夫人

居里夫人的好朋友爱因斯坦曾经高度评价这位世界上最杰出的女性："在所有的世界著名人物中，玛丽·居里是唯一没有被盛名宠坏的人。"

居里夫人不要金钱、名誉，她想到的只是科学，只是为人类的利益工作。当他们成功地提炼出镭以后，有一个好消息传来了，镭能够治疗癌症，这时不少人写信希望他们能够公开提炼镭的方法和技术。对此，居里夫妇面临两种选择，一是领取专利权，一举成为富翁；二是毫不隐瞒地公布所有的研究成果，夫妇二人为此讨论起来。

居里夫人说："领取专利虽然能让我们富有，但这是违反科学精神的，物理学家总是把研究成果全部发表公布于众的，我们的发现不过偶然有商业上的前途，我们不能从中取利；再说，镭将在治疗疾病上有大用处……我觉得似乎不能借此求利。"

居里夫妇在实验室里工作

皮埃尔完全赞同妻子的意见。

在这期间，有一位美国的莫太太特地去法国拜访居里夫人，她对居里夫人说："您可以申请专利权呀！这样您会成为一个富有的人啊！"

"不！镭是全人类的！"居里夫人坚决地摇了摇头。

居里夫妇毫无保留地公布了镭的研究成果，并详尽地介绍了镭的制造技术和方法，凡是有人为此登门拜访，他们总是不厌其烦地教给来访者，他们希望制镭业尽快发展起来。

在皮埃尔逝世后，居里夫人又把他们共同研究的成果，价值超过100万法郎的1克镭，无偿地送给了一个研究防治癌的实验室。尽管遇到了亲戚们的反对，他们认为居里夫人应该给孩子们留下一笔遗产，可是居里夫人却认为：“贫寒固然不便，过富也是多余而且讨厌的。”

约瑟夫·汤姆生发现电子

汤姆生（1856~1940）

汤姆生，英国物理学家，出生于英格兰曼彻斯特。

1880年他毕业于剑桥大学三一学院。1918年他任三一学院的院长，后辞去卡文迪许实验室教授职务，任名誉教授，继续在卡文迪许实验室工作，并指导青年研究生。

汤姆生在气体放电方面进行过不少研究。1897年，通过对阴极射线的研究，他测定了电子的荷质比（电荷e/质量m），从实验中发现了电子的存在，这是汤姆生在科学上的最大贡献。后来他又发现电子的许多性质，指出电子既像气体中的导电体，又像原子中的组分。1912年，他通过对某些元素的极隧射线研究，指出存在同位素。汤姆生由于在物理学方面有重大贡献，于1906年获诺贝尔物理学奖。

人类对基本粒子的认识可以追溯到2400多年前。从古希腊的“原子论”到近代道尔顿的“新原子论”，都认为原子是构成物质的最小单位，是永恒不变而且不可分割的。千百年来，人们对此深信不疑。

然而，1879年，英国物理学家约瑟夫·汤姆生却发现了比原子更小的单位——电子。这一石破天惊的发现，打开了人类通往原子科学的大门，标志着人类对物质结构的认识进入了一个新的阶段。

在汤姆生发现电子之前，物理学家们在研究真空放电现象时发现了阴极射线。当时，对于阴极射线的本质是“光波”还是“微粒”，科学界展开了激烈的争论。20多年之后，汤姆生以其杰出的实验令人信服地表明阴极射线是带负电的微粒。因为它在真空管中产生了偏移，被负极板排斥，为正极板所吸引。

1879 年，汤姆生在皇家学会讲演中，介绍了他的实验背景。

首先，汤姆生认为“在气体中的电荷载体一定比普通的原子或分子要小”，因为它们比起原子或分子来更容易且更多地穿过气体。

其次，汤姆生认为“放电管中不管用什么气体，而电荷载体却都是一样的”。这一点也为事实所证明，不论真空管里是什么气体，射线在标准磁场作用下产生的偏移是一样的。

根据这些假说，汤姆生大胆推测，阴极射线中的电荷载体是一种普通的物质成分，它比元素原子还要小。

同年，汤姆生创造性地设计了一个杰出的实验。这项实验包括一个阴极作为射线源，两个金属栓带缝隙，以便产生良好的射线来。然后，通过保险丝连接玻璃管和两个金属板以及电池，使两板之间形成电场，并在玻璃管的圆球形一端产生阴极射线冲击的闪光。

实验的核心是测出了阴极射线的电荷与质量的比值（后来被称为电子的“荷质比”）。他所得到的数值比法拉第所测的最轻原子的荷质比大 2000 倍。这就一举结束了长达 20 多年的对阴极射线本质的争论，并合理地做出假说：存在着比元素原子还要小的一种物质状态。

汤姆生将这种带负电的阴极射线粒子称为“原始原子”，它的质量仅为氢离子质量的千分之一。

后来的物理学成果证明，汤姆生关于“比原子小”的“原始原子”的假说是对的。另一位著名的物理学家卢瑟福对此做了更科学具体的阐述，他用“核化原子”来解释，正电荷集中在原子的中心，形成沉重的原子核，而电子则环绕着它沿轨道旋转。最后，根据斯托尼的建议，将汤姆生发现的“物质的原始电子”普遍称做“电子”。

电子的发现，打开了现代物理学研究领域的大门，标志着人类对物质结构的认识进入了一个新的阶段。这不仅是物理学发展史上的一项划时代的重大发现，而且还具有极其深远的哲学意义。

电子的发现，使汤姆生获得了 1906 年度诺贝尔物理学奖。

电磁学的发展

对人类生活有着巨大影响的电和磁的应用，是科学家们不懈努力的结果。这一领域的代表人物有被称为“电磁学之父”的英国物理学家吉伯，有电气研究的先驱美国物理学家、社会活动家富兰克林，有法国物理学家库仑，有发明了电池的意大利物理学家伏打，有发现电流引起磁效应的丹麦物理学家奥斯特，有为电动力学奠定基础的法国物理学家安培，有创造了电磁学史上的第一台感应发电机的英国物理学家、化学家法拉第……

电磁学之父——吉伯

吉伯（1544～1603）

吉伯，英国物理学家，出生于科尔切斯特。

1560年他毕业于剑桥大学圣约翰学院，获文学学士学位。1564年获文学硕士学位。1569年获医学博士学位。

吉伯被称为“电磁学之父”，物理学上曾以他的名字定为磁通势单位。他首先创用电力、电引力、磁极等术语；描述用天然磁石摩擦铁棒使它磁化的方法，还发现带磁性的铁棒烧红后就失去磁性。吉伯认为地球是一块最大的磁石，地球引力就是这块大磁石作用于周围物体的磁力。他还观察到罗盘针在自由悬空时向下指向地球，从而证明存在地磁倾角，指出地球南北极不完全与地理南北极重合，而有一个不太大的偏离。吉伯支持哥白尼关于地球绕自轴旋转的观点，断定恒星与地球的距离是不一样的，认为磁性的吸引使行星维持在固有的轨道上。

吉伯主要著作有《论磁石》，这是物理学史上第一部磁学专著。

富兰克林——电学先驱

富兰克林（1706～1790）

富兰克林，美国物理学家、社会活动家，出生于波士顿。

他12岁到印刷所当学徒，未上过正规学校。他曾获耶鲁大学、哈佛大学、牛津大学等的名誉学位，是英国皇家学会第一批外国会员之一，还是法国科学院的院士，1731年在费城建立北美第一个公共图书馆。

富兰克林是电气研究的先驱者，他进行过各种新的电气实验，提出所谓电荷守恒概念，用数学上的正负概念来表示两种电荷性质，还发明了避雷针等。

富兰克林最著名的科学试验是在费城一个雷雨天里进行的一次震动世界的、用风筝吸取天电的试验，证明静电和动电的性质相同。这个发现在电学史上具有十分重要的意义。

富兰克林的研究成就并不限于电学方面，他对光学、热学、化学、植物学等都有贡献。

富兰克林在哲学上拥护自然神论，承认自然界的存在及其规律的客观性，他对自然现象的观察和研究相当广泛，特别是那种敢实验的精神，给人留下深刻印象。

危险的实验

有一次，富兰克林做电学实验着了迷，抑制不住的他想为即将到来的圣诞节创造出一个奇迹，于是他设计了一个“电火鸡”的实验。

在实验中，富兰克林准备用从两只大玻璃缸中引出的电杀死一只火鸡，当他一只手在连接着的顶部电线上，另一只手握住与两个缸体表面都相连着的一根链子时，突然蹿出一道耀眼的电火，同时发出了如同放爆竹一样的巨大响声。富兰克林应声倒地，整个身子在剧烈地颤抖，握着链子的手蜷缩成鸡爪状，双目紧闭，面无血色。十几分钟之后，富兰克林才清醒过来，他慢慢地睁开眼睛，用微弱的声音告诉周围的人，他似乎见到了上帝。

科学家也是人，他们也会犯错误，而科学家的过人之处恰恰在于他们能从错误和失败之中揭示出鲜为人知的真理的奥秘。从这次挫折中，富兰克林得出了一个结论，串联起来的足够多的电瓶可以释放出如同闪电那样巨大的电流。

“请电”做客

富兰克林通过电学实验认识到了闪电的本质与电相同。但怎样才能证实闪电的本质和电相同呢？他想到了孩子们玩的风筝。如果在雷雨天的时

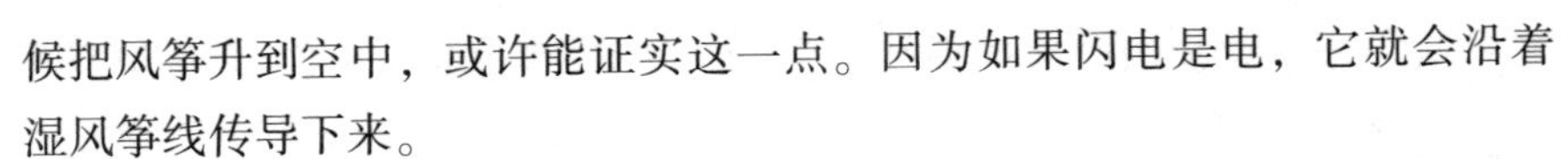

候把风筝升到空中，或许能证实这一点。因为如果闪电是电，它就会沿着湿风筝线传导下来。

那是夏天一个阴霾密布的日子，暴风雨就要来临。富兰克林和他儿子威廉用一块大丝绸手帕做成一只风筝，他们在十字形的风筝骨架上装上金属丝，用来接引天空中的闪电。父子俩带着风筝和一只莱顿瓶来到野外。

不一会儿，雷声越来越近，狂风呼啸着卷过一团团乌云。富兰克林把风筝抛到风中，大声叫喊："跑!"

威廉在旷野里拼命地奔跑起来，风筝扶摇直上，升到空中，紧接着大雨倾盆，雷电交加。

富兰克林的眼里闪烁着兴奋的光芒，狂奔起来。他追上威廉，接过风筝线，拉着儿子躲进旁边一座建筑物。这时候，他们的外衣已经湿透了。富兰克林掏出一把铜钥匙，系在风筝线的末端。只见风筝穿进带有雷电的云层，闪电在风筝上闪烁，雷声隆隆。

突然，一道闪电掠过。风筝线上有一小段直立起来，被一种看不见的力移动着。富兰克林觉得他的手有麻木的感觉，就把手指靠近铜钥匙。顷刻之间，钥匙上射出一串串电火花。

"哎哟!"富兰克林叫喊了一声，赶紧把手离开钥匙。无限的欢乐也像电流一样，顿时传遍他的全身。他喊起来："威廉！我受到电击了！现在可以证明，闪电就是电!"幸运的是，这次传下来的闪电比较弱，富兰克林没有受伤。

事后，富兰克林用莱顿瓶收集的闪电，进行了一系列实验，证明它的性质同用起电机产生的电荷完全相同。

"驯服"雷电

富兰克林从风筝实验中，不但了解了雷电的性质，而且证实了雷电是可以从天空"走"下来的。"高大建筑物常常遭到雷击，能不能给雷电搭一个梯子，让它乖乖地'走'下来呢?"富兰克林想。

他先在自己家里做实验，在屋顶高耸的烟囱上，安装一根3米长的尖顶细铁棒。在细铁棒的下端绑上金属线，沿着楼梯，把金属线引到底楼的一个水泵上（水泵与大地有接触），将经过房间的那段金属线分成两段，又将两股线相隔一段距离，各挂一个小铃。这样如果雷电从细铁棒进入，经过金属线进入大地，那么，两股线受力，小铃就会晃荡，从而发出响声。

电闪雷鸣，暴风雨就要来了。在雷声、雨声的“伴奏”下，守候在房间小铃旁的富兰克林，听到了小铃发出清脆、悦耳的声音，他高兴地笑了。

富兰克林把那根细铁棒称为“避雷针”。避雷针的问世，引起了教会的反对。他们认为：“装在屋顶的尖杆指向天空是对上帝的不敬”，“干涉上帝的事，对上帝指手画脚，是要受上帝惩罚的”。

然而，有一次在一场雷雨之后，神圣的教堂着火了，而装有避雷针的房屋却平安无事。于是，避雷针的作用被人们认识，避雷针也很快地传开了。到了1784年，全欧洲的高楼顶上都用了避雷针。

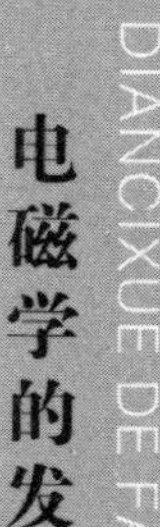

库仑发现库仑定律

库仑（1736～1806）

库仑，法国物理学家，出生于昂古莱姆。

库仑曾在巴黎军事工程学院学习。1774年被选为法国科学院院士。

库仑是18世纪一位学识渊博的学者，在物理学上作出许多重要贡献。1781年，他发表一篇重要论文《简单机械理论》，提出摩擦力和作用于物体表面上的正压力成正比的关系。他证明地球磁场对磁铁的作用，相当于与偏差角的正弦成正比的一力偶，并据此推断出，在解释磁作用时需要使用吸引力和排斥力作为对抗涡流。他建立磁体在磁场中的运动方程式，并根据短的振荡时间推导出磁矩。他发明扭力平衡法以测量电的排斥力，并把结果推广到实验上更困难的排斥力情况中，推导出表示两静止点电荷间相互作用力的定律，即著名的库仑定律。他还致力于导体上电荷分布的研究，证明导体的全部电荷都集中在表面上。

库仑的著作还有《金属力和弹性的理论和实验研究》、《电气与磁性》等。

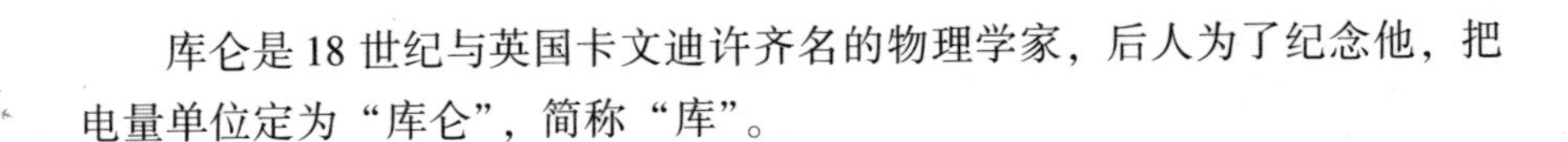

库仑是18世纪与英国卡文迪许齐名的物理学家，后人为了纪念他，把电量单位定为“库仑”，简称“库”。

伏打发明电池

伏打（1745～1827）

伏打，意大利物理学家，出生于科莫。

伏打在科学上的主要贡献是1799年发明了“伏打电池”。这种电池由用盐水浸泡的铜片和锌片相间堆集组成，用导线把两端连接起来，导线中就形成稳定的电流。

伏打电池的发明改变了电学的面貌，它使科学家有了强大的电流源，以前摩擦起电的机构和莱顿电瓶电容器虽可产生电位差，但电流很小。

伏打在发明电池后又发明了验电器、储电器和起电盘，这些发明在电学上起了很大作用。人们为了纪念他，把电动势、电位差、电压的单位定为“伏特”，简称“伏”。

电池的发明

伏打像往常一样来到图书馆，他像淘金者一样，翻阅着一本本书。突然，一本德国科学家的实验报告汇编引起了他的注意。他发现这本书记载了一个叫兹路扎的科学家在1750年左右做的一个实验。

兹路扎在实验报告中说，把两块不同的金属分别夹在舌尖的上下，然后用一根金属导线连接两块金属板，此时，舌头上会有一种麻木的感觉。如果用两块相同的金属片夹在舌尖的上下，就没有这种感觉。

“我找到突破口了！”伏打看完这个实验报告，欣喜若狂。回到实验室后，伏打马上找到一块薄锡片和一枚新银币，并用一根导线将它们连接起来。果然，他的舌头出现了麻木的感觉。

“这是触电的感觉。”伏打对他的助手说，“导线中肯定有电在流动。”

伏打发现，不但单独使用锡片或银币在口腔里做这个实验时，没有这种感觉，而且将锡片和银片连接后放在清水中做实验时，也没有任何感觉。“这是什么原因呢?”伏打推测可能是口腔中含有稀酸的缘故。

根据这一推测，伏打改用稀酸做兹路扎实验。果然，发现有麻木的感觉。

稀酸实验的成功给伏打很大的信心，他决定生产一种能产生和储存电能的装置。

伏打和他的助手用台钳和剪子加工了一块较大的银片和锌片，并用一根导线将它们连接起来，然后在两块金属片的中间做一个夹层。接着，又用两根导线连接锌片和银片，以作为两极。最后，把这个装置放入装有稀酸的溶液中。伏打用手触摸导线，感到一阵麻木，手发生强烈的痉挛。

“我触电啦！我成功啦!”伏打兴奋无比。

然而，新装置给伏打带来的喜悦是短暂的。不久，这个“宝贝”就没有输出电了。伏打明白，这是储存电能太少的缘故。他决定做一个储存电能多一些的装置。

于是，伏打又提出新的方案。他把几个装有稀酸的杯子排在一起，然后在每个杯子中都装着一块锌片和一块铜片，并将前一个杯子里的铜片和后一杯子里的锌片用导线连接。最后，两端用导线接出。

伏打用手指捏住两端的导线。他不仅感到手指麻木，而且身上也有这种感觉。这说明新的电源装置产生了相当大的电压。

于是，“伏打电堆”作为最早的干电池，传遍世界各地，引起了一场电学的革命。后来，人们把它称为“伏打电池”。

奥斯特发现电流的磁效应

奥斯特（1777～1851）

奥斯特，丹麦物理学家，出生于兰格朗岛的鲁德乔宾。1799年他毕业于哥本哈根大学，获哲学博士学位。

奥斯特在科学上的主要贡献是发现电流引起的磁效应。根据他自己的叙述，这一发现是在1820年春天的一次演讲中提出，而于同年夏天宣布的。实际上早在1812年在他所发表的《关于化学定律的见解》一文中，就提出了电和磁之间存在联系的问题。磁效应的发现在科学上具有重大意义，促进了电磁学的迅速发展。

奥斯特经过多次失败后，于1822年采用精致的压力计和确保增加的压力作用于水容器内外两侧，首次得到水可压缩性的相当精确的数据。1823年，根据对温差电偶接头的研究结果，得出结论，这种接头在比伏打电池低得多的电位差下，能产生较高的电流。他还对库仑的扭秤做了某些重要改进。

奥斯特的主要著作有《关于电效应的实验》等。

安培与电动力学

安培（1775～1836）

安培，法国物理学家，出生于里昂。

安培从小具有惊人的记忆力，尤其在数学方面有非凡的天赋。他13岁就能理解有关圆锥曲线的原理，是一位主要靠自学取得成就的科学家。青年时他生活贫苦，靠为私人补习数学来维持生活。1805年他定居巴黎，担任法兰西学院的物理教授。

安培的兴趣是多方面的，他不但钻研数学，而且对物理学、化学等都感兴趣，同时还花大量时间研究心理学、伦理学。1820年，奥斯特提示电流对磁针作用的现象，引起了物理学家们的重视。安培也立即投入这方面的研究，不久就发表了关于通电导线之间相互作用的论文，引起当时科学界的重视。安培通过实验总结，得出了表示通电导线在磁场中受力情况的公式，称为安培公式；提出了表示电流和它所引起的磁场之间方向关系的定则，称为安培定则；发现环路定律，即在磁场中通过任何闭合线磁场强度的环流，正比于闭合线所围电流的代数和，称为安培环路定律，简称安培定律；创立了分子电流学说，即分子或原子中由电子运动而形成电流，物质的磁性可用分子电流来说明。

安培在电磁学中发现一些重要原理，为电动力学奠定初步基础。后人把电流强度单位定为“安培”，简称“安”，以纪念他的功绩。

安培的主要著作有《电动力观察文集》、《电动力现象原理概论》等。

法拉第与现代电工学

法拉第（1791～1867）

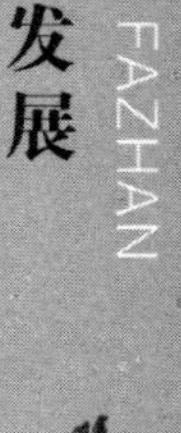

法拉第，英国物理学家、化学家，出身于伦敦一个铁匠家庭。

由于家境贫苦，他12岁上街卖报，13岁到一家图书装订店当学徒，利用业余时间刻苦学习，把前人有关电气方面的论述都搜集起来以进行系统研究。

1812年，法拉第成为科学家戴维在皇家学会实验室的助手，随同戴维先后到法国、意大利、德国和比利时访问、讲学，得到了一次很好的锻炼。

1820年，奥斯特关于金属线通电使附近磁针转动的发现，引起法拉第深思，既然电流能产生磁，那么磁能否产生电呢？为了弄清电磁关系，经过反复的研究和实验，终于在1831年发现了磁感应生电的现象，从而确定了电磁感应的基本定律，成为现代电工学的基础。利用这一现象，他创造了电磁学史上的第一台感应发电机，成为今天各种复杂电机的始祖。1837年他引入电场和磁场的概念，取得许多重要成果，如发现磁致旋光效应（称为法拉第效应）等。1852年他又引入电力线和磁力线的概念，解决了金属线与磁铁的相对运动是产生感应电流的必要条件的问题。1833～1834年他由实验得出电解定律，称为法拉第电解定律，这是电荷不连续性最早的有力证据（但当时还没有得出这一结论）。

法拉第发表过关于能量转换方面的论文，指出能的统一性和多样性，反对超距作用，认为作用的传递都必须经过某种物质媒介，用实验证明电

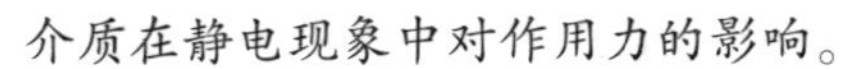

介质在静电现象中对作用力的影响。

法拉第在化学方面也有很大贡献。特别是发现了苯，对有机化学的产生和发展起了较大作用。

科学的威力

有一次，法拉第和老师戴维到公爵府中做客，戴维尽管口若悬河，还是无法使公爵相信金刚石是由纯碳构成的。公爵从手指上取下一板钻石戒指，递给戴维说："您说这颗美丽的钻石是纯碳构成的。请您把它烧掉吧！那时我才会相信您的话。"

"法拉第！"戴维向恭敬地站在椅子旁的法拉第招呼道，"拿一个高倍数的放大镜来，准备好焙烧用具，让我们来说服公爵大人。"

没过多久，一切都已安排停当。法拉第准备器具和往常一样迅速、准确。他把钻石放进小箱里，用炽热的火焰加热，再把这颗光彩夺目的钻石放在一束用透镜聚焦的强烈阳光下。戒指很快熔化，但钻石却原封未动。公爵扬扬得意地观察着所发生的一切。可是，这种情况并没有持续多久，温度升得很高后，眼看钻石逐渐缩小，最后完全不见。公爵大吃一惊："怪事！我的金刚石居然蒸发掉了！"他喃喃自语道。

"不是蒸发掉了，而是燃烧掉了。"戴维纠正道。

发电机之"祖"

法拉第创造出世界上第一台感应发电机。这一年的除夕，他满面春风地向他的亲朋好友表演这个新发明。

这是一台别致的装置，将一个中心有轴的圆形铜盘固定在支架上，铜盘取垂直方向，并且伸进一块水平固定的马蹄形磁铁两极间。铜盘的中轴连接一根导线，铜盘边缘同另一根导线保持接触，两根导线同一只电流计相连。在烛光的映照下，铜盘更显得光泽夺目。客人们围在四周，兴趣盎然地观看着。

法拉第大声宣布："开始！"只见他转动摇柄，铜盘在两个磁极间不停

地旋转起来。由于铜盘的各部分都切割了磁力线，电流针的指针逐渐偏离零位，微微颤动地指示出电流的读数，铜盘转动越快，电流的读数则越大。

客人们都赞不绝口。只有一位好挑剔的贵妇人不以为然，她取笑地问法拉第："先生，你发明的这玩意儿有什么用呢？"

法拉第回答道："夫人，新生的婴儿又有什么用呢？"

人群中顿时爆发出一阵喝彩声。

这台小发电机在今天看来，确实像一个简单的玩具，事实上，法拉第也没有把它付诸实用，然而它却是现在所有发电机的"老祖宗"。这个发明在近代科学史上的意义是深远的，人类从此打开了电能宝库的大门。

不平凡的"勤杂工"

法拉第晚年，国家准备授予他爵位，但他不肯接受。退休以后，他仍然念念不忘实验室，经常去那里干一些力所能及的杂事。

有一个年轻人被皇家造币厂派到皇家学会实验室做实验，他看到一位穿着破旧衣服的老人正在扫地，就很随便地打招呼说："看来你在这儿工作很多年了吧？"

"是的，有年头了。"老人头也不抬地回答说。

"你是看门的杂工？"

"对，是杂工。"

"干这活儿挺辛苦，我想他们给你的工钱一定不少吧？"年轻人猜测地问。

"嘿嘿！"老人风趣地笑着说，"再多一点我也用得着啊！"

"那么，老头儿，你叫什么名字？"年轻人很没有礼貌地问。

"迈克尔·法拉第。"老人瞟了他一眼，语气非常平静地说。

"啊！"久闻法拉第大名的年轻人惊叹地说，"原来您就是伟大的法拉第教授！"

"不，"法拉第纠正说，"我是平凡的迈克尔·法拉第。"

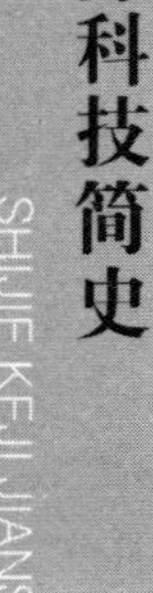

化学的发展

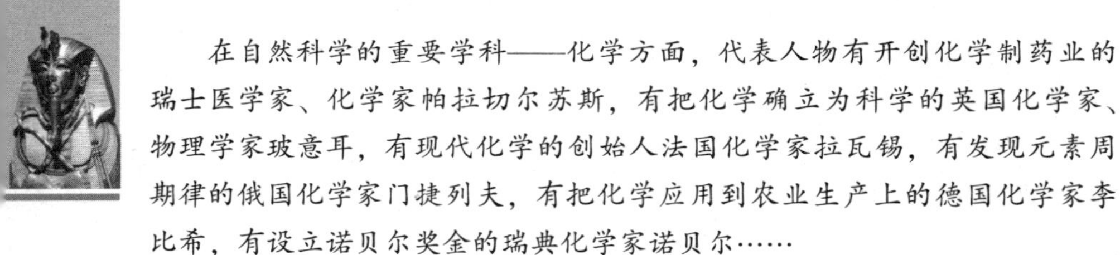

在自然科学的重要学科——化学方面，代表人物有开创化学制药业的瑞士医学家、化学家帕拉切尔苏斯，有把化学确立为科学的英国化学家、物理学家玻意耳，有现代化学的创始人法国化学家拉瓦锡，有发现元素周期律的俄国化学家门捷列夫，有把化学应用到农业生产上的德国化学家李比希，有设立诺贝尔奖金的瑞典化学家诺贝尔……

帕拉切尔苏斯开创化学制药业

帕拉切尔苏斯（1493～1541）

帕拉切尔苏斯，瑞士医学家、化学家，出生于艾因西德伦。

帕拉切尔苏斯从小在父亲的指导下学医。他16岁进巴塞尔大学，专攻化学。1516年他获费拉拉大学医学博士学位，并更名为帕拉切尔苏斯，意即赛过切尔斯（公元1世纪，公认的最伟大的罗马医学家）。他曾到矿山了解了矿工的疾苦，后到印度、叙利亚等地旅行，获得了不少实际知识，回国后任市府医官。

帕拉切尔苏斯一生从事化学和医学的研究及革新。他最大的贡献是把化学从炼金术中解放出来，认为化学的真正用途不在炼金，而在制药，这在当时是一大进步。

帕拉切尔苏斯不迷信，不怕权威，敢于攀登真理高峰。他主张医学必须建立在自然哲学、天文学、炼金术和德行的基础上，把人体的生活功能看做是一个化学过程，提倡把化学应用到医疗方面。实践中采用许多新的药物，包括用汞剂治梅毒、用愈创树治外伤等，收到很好的效果。

帕拉切尔苏斯的思想在当时被视为“叛逆”，宗教裁判所要处其死刑。1532年，他逃亡国外，流浪10年之久，死于贫病交加之中。

玻意耳与分析化学研究

玻意耳（1627～1691）

玻意耳，英国化学家、物理学家，出生于爱尔兰芒斯特。

1635～1638年他在伊顿学院学习。玻意耳根据实验阐明气压升降的原理，1662年，他发现气体体积随压强变化的规律。1676年，法国物理学家马略特再次发现这一规律，因此被称为玻意耳—马略特定律。

在化学方面，玻意耳将当时习用的定性试验归纳为一个系统，初次引入化学分析名称，开始了分析化学研究，使化学研究开始建立在科学基础之上。

玻意耳提出运动中原子与大部分自然现象有关的观点，对光的颜色、真空与空气弹性等也有研究。

化学试纸发现的故事

一天清晨，玻意耳刚走进书房，一阵花香扑鼻而来，使人感到心旷神怡。原来，屋角处摆着一盆美丽的深紫色的紫罗兰。玻意耳忍不住随手摘下一朵花，然后不时地嗅着这沁人心脾的馨香，来到实验室。

在实验室里，他的助手为了准备当天的实验正往烧瓶里倒盐酸，不小心使盐酸溅泼在桌子上，一阵刺鼻的气味顿时弥漫在实验室里。

玻意耳见状忙放下手中的紫罗兰，快步赶过去帮忙。当他转过身来时，发现那朵放在桌上的紫罗兰冒起了青烟。

“真可惜，这花也沾上盐酸了。”玻意耳说。他随手把花插在一旁，继续和助手一起准备实验室里的工作。

过了一会儿，他想起了那朵紫罗兰。拿起花时，玻意耳顿时惊呆了，原先深紫色的紫罗兰，现在却变成了红色！

“奇怪！紫罗兰怎么眨眼之间就变了颜色呢？是不是盐酸的缘故？”

想到这里，玻意耳忙把书房里的那盆紫罗兰端了过来。

急于找到答案的玻意耳，立刻取出一只烧杯，倒入一些盐酸。玻意耳摘下一朵花，浸入盐酸中。果然，花瓣渐渐地由深紫色变成淡紫色，最后完全变成了红色！

“太奇妙了！”助手说。

“我们再试试其他酸液。”玻意耳兴犹未尽。他又取出几只烧杯，分别倒入不同的酸液，再往杯里各放进一朵紫罗兰花。实验结果表明，这些深紫色的花都在酸液中变成了红色。

玻意耳的实验仪器

“这么说，酸液能使紫罗兰由紫色变成红色。也就是说，我们可以用紫罗兰的花瓣来判断另一种溶液是不是酸性了！”玻意耳为这个意外的发现而感到兴奋不已，“那么，碱是不是也能使紫罗兰改变颜色呢？”

玻意耳又做了碱液实验，发现碱也能使紫罗兰改变颜色，只不过是由紫色变蓝色了。

助手说：“要是没有紫罗兰花开的季节，这种鉴别方法就不能使用了。”

“对。不过，我们可以想想别的办法。”玻意耳赞许地说，“我们可以把它泡成浸液，这样就方便多了。”

他们不仅用紫罗兰花瓣泡成浸液，还用蔷薇花瓣、药草、苔藓、五倍子、树皮和各种植物的根做实验，结果萃取了多种浸液。在这些浸液中，玻意耳发现用石蕊苔藓提取的紫色浸液效果最好，它遇酸变红，遇碱变蓝。

玻意耳是位不容易满足的科学家，他觉得用浸液来鉴别溶液的酸碱性质还是不够方便。于是他又开动了脑筋。几番思考之后，他终于想出了一个最简单易行的办法，用这种溶液把纸浸透，再把纸烘干。这样，带着溶液成分的纸片，就成了最早的化学指示剂。

此后，要鉴别溶液的酸碱性质，可就容易多了。

拉瓦锡——现代化学的创始人

拉瓦锡（1743～1794）

拉瓦锡，法国化学家，出生于巴黎。

父亲是律师，从小在家庭教师的辅导下，学过天文学、数学、化学、植物学、矿物学和地质学，其中对化学最感兴趣。

拉瓦锡是现代化学的创始人，主要功绩是把过去和当时的许多实验结集一起，综合成为完整学说。拉瓦锡曾进行“烧干了水不会变土”的实验，长达百天之久。通过实验，他推翻了物质不能互变的学说，进一步证明了物质不灭定律的正确性。

拉瓦锡从1772年开始研究燃烧问题，进行了一系列实验。他发现空气中有1/5的物质可助燃，这一发现推翻了当时占统治地位的“燃素”学说，使化学这门科学向前推进了一大步。拉瓦锡还通过实验证明，动物呼吸同物质燃烧一样也是一种氧化作用。

拉瓦锡与另外三位法国化学家一道，共同拟订出化合物的第一个合理命名法，开始用初步的化学方程式说明化学反应过程和量的关系，建立起化学新体系。

小化学迷

暑假来临了，小拉瓦锡中学毕业晚会刚刚结束。拉瓦锡家的老朋友盖塔尔来到拉瓦锡家中做客。

“我有个建议，”盖塔尔说道，“我们为绘制法国地质图已经进行了多年的研究，要是小拉瓦锡今年夏天能和我在一起，帮助我做这件事，我会非常高兴的，还有好几个山区等着我们勘测呢！”

“啊！这种旅行大概非常美妙吧？！”小拉瓦锡惊呼道。

“不仅非常美妙，而且肯定能学到很多东西，亲爱的朋友。”盖塔尔说。

这年夏天，小拉瓦锡确实学到了不少东西。蕴藏在地下的矿石真是五花八门，应有尽有！有多少物质仍然是不解之谜，还严守着各种未知元素的奥秘啊！

小拉瓦锡热心极了，只要一看见不太寻常的小石块，总要仔细地挑选出来。每到晚上，他们就坐在篝火旁，对白天所收集到的矿石进行细致的分类研究。

“这些亮光闪闪的黑色晶粒也是铁矿石，”盖塔尔对他说，“它们的性质相当有趣，能和磁石一样吸住铁屑。”

“真好玩。”小拉瓦锡说，“让我试试看。”

“试试吧。由于它具有这种性质，所以叫做‘磁铁矿’。”

小拉瓦锡拿起一块亮晶晶的乌黑矿石移近几段细铁丝，想把它们吸起来。可是，只要手轻轻一动，它们就从矿石上掉了下来。

小拉瓦锡对矿物界了解得越深，他的疑问也就越多。原来矿物学和他打算终生从事的化学一样有趣。夏天不知不觉地过去了，小拉瓦锡已变成了一个化学迷了。

发现质量守恒定律

2 月的一个晚上，天气很冷。拉瓦锡读到一篇文章，其中谈到高温下烧得炽热的金刚石会“消失”得无影无踪。

第二天，拉瓦锡取来几块金刚石，然后用石墨调制成很稠的软膏。实验中，他将厚厚的一层软膏涂在小块金刚石上，然后加热这些乌黑的圆球。小球很快烧得通红，开始像炉子里的煤球一样发光。几小时后，等圆球冷却，除掉涂料。金刚石竟然完好无损，拉瓦锡看到后大为吃惊。

“怪事！”

“这就是说，金刚石莫名其妙地‘失踪’多少与空气有关。难道它们和空气发生化合了？”拉瓦锡揣测道。

“这一现象和我们对燃烧的认识截然相反，真是叫人想都不敢去想。”助手卡德低声说。

“毕竟有实验可以作证，情况正是这样。”拉瓦锡坚信不疑地说。

这项发现太不一般，以致其他一切问题全都退居到次要地位。当时，科学家拉瓦锡只想着一个问题——燃烧。他立即着手研究磷和硫的燃烧过程。他将磷燃烧后所生成的白色烟雾全部收集起来，并且加以称量，发现烟雾比当初使用的磷更重一些。

“原来磷和空气发生了化合！”

这个想法使他的心情难以平静。与磷化合的空气有多大数量？化合的方式如何？他又设计出这样一个实验，在封闭容器中使磷燃烧，然后再测出各有关物质，首先是空气的数量。

“只有 1/5 的空气与磷化合，难道空气是一种复杂的混合物吗？”

拉瓦锡又研究了硫的燃烧。硫燃烧后也和 1/5 的空气化合。此后，拉瓦锡又去研究煅烧金属。金属经过长时间的煅烧，都变成了金属灰，可是金属灰在高温下与木炭一起加热，又会重新变成金属。在这一过程中，却析出一种被化学家们称为“固定空气”的气体即二氧化碳。

经过反复的实验，他终于弄清了空气是由两个部分组成的，一部分可以助燃（在煅烧过程中与金属化合），另一部分不能助燃，生物放在里面就会死亡。物体燃烧时要吸收性质活泼的这部分空气，即拉瓦锡所说的“有用空气”，生成物重于反应物的原因就在于此。拉瓦锡用密闭容器又做了一些实验。他发现在密封的玻璃容器中煅烧铅、汞等其他金属时，加热前和加热后的容器重量毫无变化，但生成的金属灰却比原来的金属要重。这一伟大发现就是我们现在所说的质量守恒定律。

门捷列夫发现元素周期律

门捷列夫（1834～1907）

门捷列夫，俄国化学家，出生于西伯利亚托波尔斯克。

1855 年他从彼得堡师范学院毕业后任中学化学教师。门捷列夫是化学元素周期律发现者之一。

门捷列夫在前人研究的基础上，根据元素性质进行各种分类、比较分析和综合归纳，终于发现元素性质与原子量之间的周期性变化，于 1869 年正式发表化学元素周期律。根据这个规律，他预见一些尚未发现的元素如锗、镓的存在和性质。元素周期律作为自然界基本定律，揭示了物质世界的秘密，大大促进了现代化学和物理学的发展，恩格斯誉之为“科学上的一个勋业”。

门捷列夫提出溶液水化理论，为近代溶液学说奠定了基础。

门捷列夫首先提出了“煤地下气化”的观点，为煤气化广泛应用开拓了前景，他曾于1887年8月冒险操纵气球升入高空进行探测，这种不怕牺牲的精神给人们留下了深刻的印象。

小探索家

有一次，小门捷列夫独自一人跑到舅舅的工厂，看工人是如何制造玻璃瓶的。当他看到工人叔叔用铁管子蘸点玻璃溶液时，很快就吹制出一个玻璃瓶，觉得非常神奇，便问：“叔叔，溶液到底是什么东西？”

“那是些含有石英的沙子、石灰石、纯碱混合后放在炉子里烧出来的东西。”

“放一些大一点的石头，可以吗？”

“不行，这样我们就吹不出瓶子来了。”

“那为什么呢？”

“我也不知道，你还是回家去问你的爸爸或者舅舅吧！”

小门捷列夫听到这里后，立即跑回去问爸爸。

“爸爸，玻璃溶液是什么？”

“玻璃溶液是一种化学反应……”

从那以后，门捷列夫就对化学产生了浓厚的兴趣。

爱“玩”扑克牌的教授

门捷列夫的好友、彼得堡大学地质学教授依诺斯特兰采夫来拜访他。

“您在忙什么呀？”依诺斯特兰采夫见门捷列夫手里拿着扑克牌的卡片，神情有些郁闷地站在书桌旁边，于是就问他：“在玩牌吗？”

别人在玩扑克牌的时候，或是兴高采烈，或是漫不经心，可是没有人

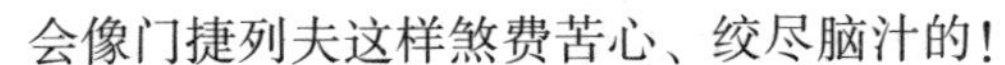

会像门捷列夫这样煞费苦心、绞尽脑汁的！

门捷列夫向依诺斯特兰采夫说起了他的工作，最后，他有点沉痛地补充道："一切都已经想好了，可还是不能制成表。"

一张小小的卡片在门捷列夫的手里就好像一块块铁板一样沉重，他每拿起或放下一张卡片都像要费很大的力气。

想着想着，门捷列夫激动得浑身发热。得到的结果竟完全出人意外！原来每一纵行中几种元素的性质自上而下随着原子量的递增而逐渐变化。

他突然醒悟过来："对了！对了！这当中还少一个元素，一个没有被人发现的元素！它应该位于……"

就这样，元素周期律被门捷列夫用手中的扑克牌艰难地发现了，门捷列夫也被累白了头发。

李比希与有机化学

李比希（1803～1873）

李比希，德国化学家，出生于达姆斯塔特。

年轻时他在药店里当过学徒。1822 年毕业于埃尔朗根大学，以雷汞成分论文获哲学博士学位。

在经典化学方面，李比希对无机化学和有机化学都有贡献，他发现了异氰酸的异构体雷酸，改进了有机物中碳、氢元素定量分析方法，制备出三氯甲烷、三氯乙醛、肌酸等，提出了"有机根论"和"同质异性论"；与维勒一道发现"苯乙酰基"，并提出了"化合物基团"的概念；创制了"李比希球"等化学仪器，还第一个在大学里建立了化学实验室。

在生物化学和农业化学方面，李比希研究发酵和腐败的化学原理，把化学应用到农业生产上，提出植物的矿质营养学说。从分析植物灰分中，发现含钾、磷的盐类对农业的发展很有影响。

教授“种地”

一天，李比希来到城郊的庄稼地里，弯下腰仔细察看庄稼和土壤。正在田间劳作的一个农民奇怪地打量着这位书生模样的城里人，问道：“先生，您也懂得种庄稼？”

“嗯，知之不多，正想学学。”李比希回答。他接着问：“您看今年庄稼收成会好吗？”

这不经意的一问恰好触动了农民的心事，只见他忧心忡忡地叹了口气，说：“年复一年地种植庄稼，土地越来越贫瘠了，哪能指望好收成呢？这块地眼看就要废弃了。”

“要是能给土地添加些营养，庄稼不就会丰收了吗？”李比希自言自语道，又似乎是在对农民说。

“先生，您这就不懂了。我们庄稼汉祖祖辈辈都是这么种地的，您的话说出去会闹笑话的。”农民有些好笑地说。

李比希可不在乎会不会闹笑话。

“耕地到底缺乏什么？庄稼的生长又需要什么我一定要弄明白？”李比希问自己。

为了找到答案，李比希开始了大量的实验。在实验中，他发现氮、磷、钾这 3 种元素是植物生长不可缺少的物质。

1840 年，世界上第一批化肥终于产生了。可是这种化肥经雨水一泡后，就渗入土壤的深层，植物却吸收不到营养，庄稼也没有显著的增产。

于是，他们又开始了新的探索。这一回，李比希把钾、磷酸晶体合成难溶于水的化肥。

最后，在一块贫瘠的土地上，李比希和他的助手们把这些白色晶体和黏土、岩盐搅拌在一起，施在土里，然后种上庄稼。过了一段时间，农民们惊奇地发现那块被废弃的“不毛之地”竟然奇迹般地长出了绿油油的一片庄稼，而且越长越茁壮。转眼，又迎来了收获季节。“不毛之地”获得大丰收，胜过农民在良田里种下的庄稼。

从此，化肥就成为农民们的宝贝了。

诺贝尔设立诺贝尔奖

诺贝尔（1833～1896）

诺贝尔，瑞典化学家，出生于斯德哥尔摩。

1850～1854年他在美国学习，1854～1859年在俄国彼得堡学习，并随父从事化学试验工作，回国后开始研究炸药。1847年，意大利化学家索布莱洛发明烈性炸药——磷化甘油，这种炸药在使用中很不安全，诺贝尔决心加以改进。

1866～1867年，诺贝尔与父亲一起研制成信号雷管和地雷，发明了甘油炸药。在此基础上，1875年他又发明三硝基甘油和硅藻土混合的安全烈性炸药。经过继续努力，诺贝尔于1888年发明“无烟火药”。除研究火药外，在化学方面他也有许多发明，仅在英国获专利权的就有120多项。

诺贝尔终生未娶，将其全部精力贡献给人类科学事业。他临死前留下遗嘱，把一部分遗产约920万美元作为基金，以其利息分设物理学、化学、生理学和医学、文学、和平事业5种奖金（1968年增设经济学奖金），从1901年开始，每年在诺贝尔逝世日即12月10日由瑞典诺贝尔基金会颁发。

炸不死的科学家

从事炸药的研究工作，是要经常冒着生命危险的，对诺贝尔打击最为严重的是他的弟弟埃米尔——他实验中最得力的支持者和助手，也在一次实验中被炸死。

在种种的压力面前，诺贝尔没有退却，他下定决心一定要研制出新型火药。为了不再给周围的群众造成伤害，诺贝尔决定租一只大船，在距斯德哥尔摩2英里的马拉湖上继续试验。

尽管他的试验有了很大的进展，但如何避免硝化甘油易爆的问题却没有从根本上解决，他仍在毫不气馁地探索着。

有一天，他正在大街上散步。这时，他身旁驶过一辆装满炸药罐的马车，有只罐子被震裂了，他以为一场灾难就要来临，谁知既不见油洒出来，也没有发生爆炸。他十分惊奇，急忙上前一看，原来炸药罐之间填满了一种他不认识的东西。他问赶车人是什么东西，赶车人回答说："这是硅藻土，塞上这种土，可以防止罐子互相碰撞，即使有的罐子被震破了，也不要紧，它会点滴不剩地把油吸掉。"诺贝尔从这一偶然了解到的情况中受到很大的启发，他萌发了制造固体炸药的新设想。他想，硅藻土轻，吸收力强，如按一定的方法和比例把爆发油与硅藻土相结合，不就成固体炸药了吗？而且这种炸药爆炸力强，又很安全，不引不爆，不会像硝化甘油那样稍受震动就爆炸。就这样，他制成了运输安全可靠的烈性炸药。

小伤口的启发

1875年的一天，诺贝尔在实验室里工作时不小心割破了手指，他就顺手拿来一种叫哥罗丁的药膏涂在伤口上。当晚，诺贝尔手指疼痛，难以入睡，他就躺在床上，脑子里不停地思索着新的炸药。他忽然想到，为什么不能用硝化程度较低的硝化纤维。这种纤维，含氮量低，易溶于乙醚和酒精，成为胶状物，俗称胶棉，和他伤口上涂的哥罗丁形态相似，只要在硝化甘油中加入少量硝化纤维的胶物，就可制成他所预想的新型炸药。

诺贝尔和平奖章的正面和反面

想到这里，他一下子从床上爬起来，直奔实验室，立即动手配制，一干就是一通宵，第二天早上，他的助手们来上班时，他已制成了第一块胶质炸药的样品。他们看到后，非常惊讶，忙问这是怎么一回事，诺贝尔风趣地举起那只受伤的手指说："喏，是它，是它启发我的。"

设立诺贝尔奖

1895 年 11 月 27 日夜，在诺贝尔逝世的前一年，他写下了自己那名垂千古的遗嘱。他在遗嘱中决定将价值 3300 万克朗（瑞典）的财产，除少部分赠给亲友外，绝大部分留做基金（约 920 万美元），存入银行，每年将它的利息（每年约 20 万美元）分设物理、化学、生理和医学、文学、和平事业经济、地球 7 种奖金，用来奖励世界各国在学术研究和和平事业上作出卓越贡献的人。诺贝尔说，这就使那些“感到无从着手的困难的科学幻想家，可以借我的资助而得以贡献于人类”，这就是众所周知的“诺贝尔奖金”的由来。

年轻的诺贝尔

诺贝尔逝世后，他的遗嘱一公开，立刻惊动了整个世界，人们对诺贝尔的无私奉献而钦佩不已。同时，各种矛盾也激化了，对他的误解和攻击也随之而起。

在诺贝尔的家族内，围绕着遗嘱发生了重大的分歧，他们都痛苦地发现，他们几乎得不到诺贝尔的任何遗产。

诺贝尔在遗嘱中说明“对于获奖候选人的国籍不予任何考虑，也就是说，不管他或她是不是斯堪的纳维亚人，谁最符合条件谁就应该获奖金”。瑞典的国王和一些瑞典人对此十分恼火。同时，诺贝尔在遗嘱中要求“和平奖由挪威议会选举产生的五人委员会颁发”，瑞典国王认为这个遗嘱是“不爱国的”，这会伤害瑞典人民的自尊心。

然而，时间是最好的见证人，种种流言飞语早已烟消云散。现在，诺贝尔奖金的意义早已超出了金钱的范畴，它成了举世公认的最高荣誉。

生物和医药学的发展

在生物和医药学方面，代表人物有近代解剖学奠基人比利时医学家、解剖学家维萨里，有正确解释血液循环的英国生理学家哈维，有开创现代实验科学的英国科学家、哲学家弗兰西斯·培根，有提出生物进化思想的法国博物学家布丰，有提倡生物进化学说的先驱法国生物学家拉马克，有提出以“自然选择，适者生存”为基础的进化学说的英国生物学家达尔文，有近代遗传学奠基者、奥地利遗传学家孟德尔，有创立基因学说的美国实验胚胎学家、遗传学家摩尔根，有发现青霉素的英国细菌学家弗莱明，有发现条件反射的苏联生理学家巴甫洛夫……

维萨里创立近代解剖学

维萨里（1514～1564）

维萨里，比利时医学家、解剖学家，出生于布鲁塞尔。

1530～1533年他在卢万大学卡斯尔学院学医，1533～1536年在巴黎大学深造。

维萨里是近代解剖学的奠基人。他冲破了当时宗教束缚，进行尸体解剖，详细记载人体构造，纠正沿用的盖仑解剖学中人体结构的错误记载，对解剖学命名加以标准化，著有《人体的结构》一书，附有许多精致木刻插图，对近代医学的发展起了很大作用。

维萨里医术高超，对骨学、肌学和心病学有较深的研究。

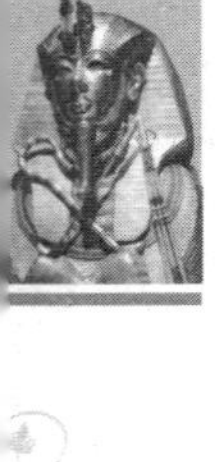

“偷”尸体的科学家

年轻的维萨里从小就对人体解剖学产生了浓厚的兴趣。19岁那年，他来到法国巴黎医学院专攻医学，渴望弄清楚人体结构的秘密。

当时的医学非常保守，在巴黎医学院的4年求学生涯中，维萨里从来没有在课堂上或解剖室里看见过一块真实的人体肌肉或骨骼。

为了真正弄清楚人体结构的秘密，给人体描绘出一幅真实的“地图”，维萨里和几位志同道合的同学决定私下去寻找尸体以进行解剖观察。

在一个漆黑、阴冷的夜晚，维萨里和他的同伴们赶着马车来到巴黎郊外的刑场。他们巧妙地躲过了警卫的巡视，用棍棒驱赶走野狗，攀着木梯爬上绞架，取下了一具具尸体、骸骨，偷偷运回学院，秘密地进行解剖观察。

回到学院后，维萨里和同伴们通宵达旦地逐层解剖尸体，并精心地绘制了一幅又一幅人体肌肉、血管和内脏的解剖图。在大量的尸体解剖实践中，维萨里揭开了千百年来蒙罩在人体解剖上的神秘帷幕，展示了一幅又一幅人体结构的真实图画：人体的胸骨是融合成长条的一节，而不是盖仑所说的分成7块；人类的腿骨，也因在直立行走中进化变直，而与四肢爬行动物的腿骨不同；人体的胸廓是由左右对称的12对肋骨组成，而且男女体内的数目完全一样……

本着藐视权威的无畏精神和长年的细致观察，维萨里写成了一部解剖学巨著《人体的结构》，对统治了千百年的盖仑学说提出了挑战，震撼了沉睡多年的解剖学领域，而且动摇了《圣经》中对人体的描述。

神奇的解剖实验

哈维正确解释血液循环

哈维（1578～1657）

哈维，英国生理学家，出生于肯特郡福克斯通。

18岁入剑桥大学学习，19岁获学士学位。

哈维是研究实验生理学的先驱，首次正确解释了人的血液循环系统。根据实验研究，阐明了心脏对血液循环的作用。他对心脏与血液循环运动进行详细的描述，指出心脏收缩牵及全身，血液在体内循环分大循环和小循环，从右心室输出的血液循环于肺部，从左心室输出的血液沿动脉流向全身各部，再沿静脉回心脏。如此环流不息，对心脏每次收缩排出的血液

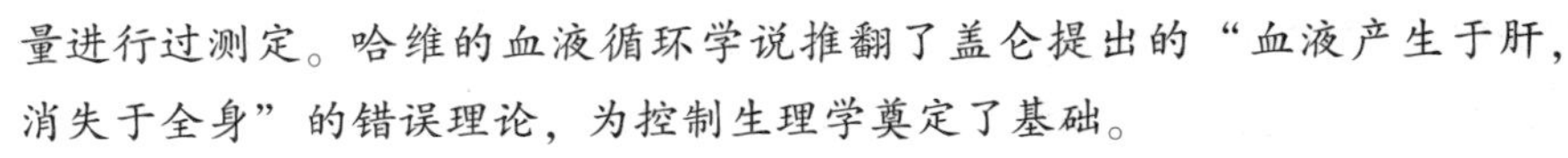

量进行过测定。哈维的血液循环学说推翻了盖仑提出的“血液产生于肝，消失于全身”的错误理论，为控制生理学奠定了基础。

除心血运动研究外，他还对胚胎发育过程和其他生理问题进行了广泛的论述，哈维的成就对胚胎学的发展有很大作用。

挑战权威的解剖家

1543 年，29 岁的帕多瓦大学医学教授维萨里，根据自己多年的观察研究，写出了《人体的结构》一书。在尊重人体解剖事实的基础上，否定了统治欧洲 1000 多年，并被写进基督教义的盖仑血液学说，从而揭开了近代解剖学研究的序幕。

后来，西班牙生理学家塞尔维特首次发现了人体血液的肺循环原理。他明确地指出，由右心室出来的血液通过肺动脉而进入肺部，在肺部血管中被吸收养分变成鲜红色，再进入肺静脉，而后返回心脏。这项重大的生理学发现，为今天的血液循环研究奠定了基础。

然而，由于塞尔维特的发现与盖仑学说相矛盾，从而动摇了基督教义。因此，没等到塞尔维特进一步发现血液体循环机理，教会就于 1553 年在日内瓦烧死了他，而且把他活活地烤了两个小时！

哈维向英王查理一世演示血液循环学说

面对教会火刑的威胁，哈维没有却步。哈维说过：“解剖学家要以实验为依据，而不能以书本为依据。”

哈维经过解剖人体，发现塞尔维特的理论是正确的。为了有力地驳倒权威，他第一次把数学引进生理学研究中，对血液进行了计量实验。他根据测定，做了这样的计算，每一次从左心室中流出来的血液，大约有 2 盎司重。如果一个人每分钟心脏跳动 72 次，那么在 1

小时内，就从左心室就流出了 8640 盎司（2×72×60），也就是 540 磅（1 磅=454 克）血液，这相当于一个正常人体重的 3 倍！

铁证一般的数学，完全驳倒了盖仑关于“血液一去不复返”的谬论。因为如果盖仑说的是事实，那么，每 20 分钟就要从心脏中流出相当于人体体重的血液，哪里来的这么多血液呢？

唯一正确的解释是，人体内的血液是循环流动的。从心脏里流出，经过动脉血管流入静脉血管，然后重新回到心脏。这就是哈维创立的著名的血液循环学说。

培根开创现代实验科学

培根（1561～1626）

培根，英国科学家、哲学家。出生于伦敦。

1573～1575 年，他在剑桥大学三一学院学习。

培根被马克思称为“英国唯物主义和整个现代实验科学的真正始祖”。

培根认为，感觉是完全可靠的。感觉是一切知识的源泉，自然界、物质是研究的对象。科学是实验的科学，科学就在于用理性的方法去整理感性材料。他强调发展自然科学的重要性，提出“知识就是力量”，认为掌握知识的目的是认识自然、支配自然。

培根认为，物质是多种多样的、能动的，具有内在力量和内部张力，并把各种运动机械地分为 19 种，还第一次在科学上最完备地总结了认识的归纳法。

实践出真知的培根

培根出身在英国伦敦的一个新贵族家庭。他的父亲是一个大法官，并且还担任过英国女王的掌玺大臣。他的母亲是一个很有学问的人，翻译过许多外国作品，思想很开明。

培根很小的时候，便受到了良好的教育，因为父亲的地位使他接触到不少上层社会的人物。有一次，女王碰见了他，便开玩笑地问道："小掌玺大臣，你今年几岁了？"

"我比陛下的幸福朝代还小两岁。"

女王听到这么好的回答，当然是高兴极了，从此以后，培根的聪明便人所尽知了。

13 岁那一年，受过神学和语言教育的培根便破格地进入了剑桥大学三一学院学习，这所学院是专门培养未来国家官员的学院。在这里，培根系统地学习了哲学、文法、修辞、逻辑等课程。在学习中，培根是一个比较有独立见解的人，哪怕是看了亚里士多德的哲学书，他也会提出自己的见解来。这么一个少年竟然有如此胆识，真是让人们佩服。

3 年以后，培根便离开了这所学校，他的理由非常简单，他认为在这样的环境里读书实在没有好处，只有害处。因为在这里学的经院哲学，实际上就是神学，而这个学科是为"神"而辩护的哲学，而且它用极其烦琐的方法来论证神的存在，论证宗教教条的正确性。培根认为这种思想束缚了人们的思想，并使人的思想远离了自然、远离了科学，成为上帝的奴隶，它完全堵死了人们认识自然的道路。

从此以后，培根就走上了科学与实践相结合的道路，他把科学植根于实践，在实践的基础上抽取科学的萌芽。培根是一个注重实际的人，他很看重实践对于科学研究的作用，他为近代实验科学奠定了早期基础，是近代实验科学的第一人。

布丰的生物进化思想

布丰（1707～1788）

布丰，法国博物学家。他出生于蒙巴尔。曾在第戎耶稣教会学院学习，访问过意大利和英国，25 岁左右回到蒙巴尔，开始科学研究生涯。布丰最

感兴趣的是研究自然博物史，他每天要在植物园的帐篷里工作几小时，数十年如一日，从未间断过。布丰最重要的著作是《自然史》，是他几十年心血的结晶。全书共44卷，配有许多精美的植物插图，从1749~1804年陆续出版，最后8卷的编纂工作是布丰逝世后由其学生完成的。

布丰是进化思想的先驱者，主张生物的种可变，竭力倡导生物转变论，提出了“生物的变异基于环境的影响”的原理，还提出了“缓慢起因论”，认为可用已知的现在解释未知的过去。指出地球有自己的特殊年龄、变化和新纪元，创立新地质年代学，讨论了动物退化以及每个物种适应气候、山岳和海洋等外界环境的限度问题。

生物进化论的先驱——拉马克

拉马克（1744~1829）

拉马克，法国生物学家，出生于皮卡第。

他青年时当兵，随陆军到过荷兰、比利时等国。复员后他回到巴黎，在一家银行当小职员。他后来结识了著名学者卢梭，在卢梭的指导下开始研究植物学，皇家花园是拉马克研究之地。1793年建立巴黎博物院，从此一直在博物院工作，他晚年双目失明，仍坚持科学著述。

拉马克于1778年完成《法国植物志》一书，共3篇，多数资料取于皇家植物园。该书受到植物学界的重视，多次重印发行。

拉马克后期转向研究动物学，根据脊椎把动物首先区分为脊椎动物和无脊椎动物，创立动物分类学。1809年出版著名的《动物学哲学》一书，1815~1822年出版《无脊椎动物自然史》一书。他最先提出了关于生物进化的思想，阐述了环境对生物进化的直接影响，器官用进废退和获得性状遗传等理论问题。

拉马克是提倡生物进化学学说的先驱者。他与当时占统治地位的物种不变论者进行过激烈的斗争，可惜其思想在当时并不为人们所接受。50年后，达尔文《物种起源》一书问世，生物进化论才正式建立起来。

达尔文与进化论

达尔文（1809 ~ 1882）

达尔文，英国生物学家，出生于希罗普郡施鲁斯伯里。

达尔文从小喜欢采集动植物标本。1825 年进爱丁堡大学学医期间，他组织普林尼学会探讨各种科学问题，包括拉马克进化论等。1828 年进剑桥大学神学院学习，他仍用大量时间研读自然科学书籍，对昆虫的研究产生了浓厚的兴趣。

1831 年，达尔文以博物家的身份，随贝格尔舰进行环球考察，在 5 年考察中，他登山涉水、入丛林、过草地、采集标本、挖掘化石，积累了极丰富的实际资料，为以后的科学研究打下了基础。

1836 年，达尔文回到英国，立即着手整理旅行期间写的日记和采集的标本。在实际资料的基础上，经过反复的认识和长期的研究，终于摈弃了上帝创造万物的说教，形成生物进化思想。1859 年，他出版了震动于学术界的《根据自然选择的物种起源》（简称《物种起源》）一书，提出以“自然选择，适者生存”为基础的进化学说。不仅说明物种可变，而且对生物适用性做出了正确解释，摧毁了各种唯心的神造论、目的论和物种不变论，给宗教以沉重打击。

达尔文进化学说是人类对生物界认识的伟大成就，对推动现代生物学的发展起了巨大作用。马克思和恩格斯曾给予很高评价，恩格斯认为达尔文进化学说是 19 世纪自然科学三大发现（能量守恒和转换定律、细胞学说、进化论）之一。

吃虫子的少年

有一次，少年达尔文在一棵大树的树皮上发现了两只罕见的昆虫，为

了进一步观察研究，他连忙用双手各抓了一只。就在这时，他又看见一只更加稀奇古怪的虫子，情急之下，达尔文竟然将右手中的虫子塞进嘴里，腾出手来去捕捉那第三只甲虫。

“哎哟！”达尔文一声大叫。原来，嘴里的虫子又蹦又跳，并且突然排出一股极其辛辣难忍的液体。可是，热爱科学的达尔文却不愿让虫子跑出来，只见他双唇紧紧抿着，一副决不退缩的倔犟模样。

达尔文在大自然的课堂中，乐于与蝴蝶、蜜蜂、蚂蚁为伍。就这样，在对自然真切仔细的观察中，18 岁的达尔文完成了两篇生物学论文，从此走上了自然学家的道路。

去赌场看比赛

有一天，达尔文走进一家大赌场去观看斗鸡比赛。他挤进人群中，伏在栏杆上，伸长脖子，目不转睛地看着头破血流、羽毛纷纷落地的两只斗鸡。

赌场老板看到达尔文如此专心致志，以为来了一个大赌客，就笑嘻嘻地走到他跟前：“先生，您要押宝下赌注吗？看您那神态，您一定是老手了，您下赌注一定能赢的。”

达尔文仍然全神贯注地看着，老板提高了声音，朝他大声重复了一遍，他才发觉有人与他说话，连忙解释说：“我只是在观察公鸡的冠子、羽毛和两足，琢磨它们的体态，你不用管我。”

赌场老板一听，大失所望，怒吼一声：“给我滚！”

一只死鸽子

有一天，达尔文的一个朋友正在家里看书，外面下着大雨。突然，啪的一声，门被撞开了，这个朋友冷不防被吓得跳了起来。定睛一看，破门而入的是达尔文，他气喘吁吁，浑身上下都湿透了。

“这么大的雨，你慌慌张张跑来，有什么急事吗？”达尔文的朋友问。

“听说您死……死了一只很珍贵的鸽子，我想它也许有研究价值，我怕您把它扔掉，所以特地冒雨赶来要这只死鸽子。”

达尔文的朋友听了，紧张的心这才松弛了下来。

小神父的命运

1831 年，达尔文在剑桥大学基督学院毕业，正准备做一名神父时，他的老师亨斯陆教授给他来了一封信。信中说他好不容易才给他找到一个机会，让他以一个自然科学家的身份参加“贝格尔舰”的环球航行，达尔文收到这封信后欣喜若狂，立即去说服父亲支持他参加这次千载难逢的航行。

1831 年 12 月 27 日，载重 200 余吨的“贝格尔舰”出发了，刚驶出不久，就遇到狂风巨浪，小小的三桅木帆船被无情的大海戏弄着。达尔文第一次上船，就面临考验，晕船就折磨了他四天四夜。直到驶进葡萄牙海岸附近时，海面比较平静了，他才稍微好一点，但他仍然吃不下任何东西，甚至喝一口水都要立刻呕吐出来。

“有好几次我真的以为自己要死了。”他在给父亲的第一封信中说，“一阵阵的干呕太痛苦了，我觉得如果不是整个肚肠都破裂的话，也一定是胃破裂了。”

船上的饮食条件更为恶劣，他们经常挨饿，即使有吃的东西，往往也是变质的食物。由于他在船上吃了有毒食物，因此患了终生未愈的呕吐病，发病时一阵阵呕吐，并且伴随着难以忍受的寒战或高烧。他们停留在赤道附近的龟岛上时，帐篷里面的温度为 34℃，外面的达 40℃以上，可他们每天只有半加仑水（约合 2.3 公斤），在深入原始森林的探险中，他有几次一连几天都没有喝上一口水。

1941 年戴布里安的《史前时代动物》

就是在这样令人难以忍受的艰苦条件下，达尔文仍坚持下来了。他对世界各地动植物进行了大量的观察和采集，进行全面、详细的比较，为他的生物进化理论奠定了基础。

达尔文除了观察、采集标本和思索外，还坚持每天用两三个小时写航海日志。他把自己的观察和思考整理成文章，源源不断地寄回英国，寄给他的恩师亨斯陆教授。这些信件中的相当一部分被当做科学论文发表，在学术界广为流传。5 年的环球航行结束后，他随同“贝格尔舰”于 1836 年 10 月回到了英国。这时，他已被公认为海洋生物学的权威了。

漂亮猴子“变成”的美女

有一天，有一位先生带着他年轻漂亮的妻子来拜访达尔文，一进门，这位年轻的夫人就向达尔文发起了进攻：“尊敬的达尔文先生，根据您的理论，所有的人都是从又瘦又丑的猴子变来的吗?”

达尔文愣了一下，他知道这位年轻的夫人并不了解进化论，可是提的问题却很尖锐，达尔文微笑着请客人坐下。

刚一坐下，这位漂亮的夫人不等达尔文回答问题，又用手指着自己的面孔，咄咄逼人地说：“像我这样漂亮的女人，难道也是猴子变来的吗?”

“北京人”背鹿图

达尔文仔细看了看这位夫人，果然有闭月羞花之貌，为了不伤害这位漂亮夫人的自尊心，又不违背自己的进化论，达尔文就风趣地说：“我想，您也应该是从猴子变来的，不过不是又瘦又丑的猴子，您是从惹人喜爱的、五官端正的、令人陶醉的猴子变来的。”

这位夫人本来想与达尔文吵一架，可是听到达尔文诙谐的回答后，立刻转怒为喜，满意地离开了。

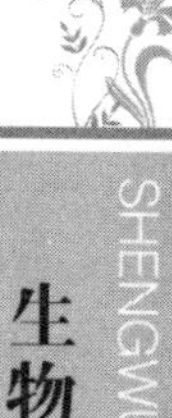

孟德尔开创近代遗传学

孟德尔（1822～1884）

孟德尔，奥地利遗传学家，出身于西里西亚附近的农民家庭。

孟德尔从小爱好园艺。1850 年他到维也纳大学理学院深造，1853 年夏回到布台恩，任时代学校动植物学教师，结合教学从事植物杂交实验工作。

孟德尔是近代遗传学的奠基者。他根据豌豆杂交的实验结果，1865 年在论文中首先提出遗传单位（现叫基因）概念，阐明遗传规律，被称为“孟德尔规律”。

孟德尔规律包括三方面，第一，显性规律——具有相对性状纯质亲本杂交时，由于某个性状对其相对性状的显性作用，子一代所有个体都表现这一性状；第二，分离规律——在子二代中表现出分离现象；第三，独立分配规律——在 2 对或 2 对以上相对性状杂交中，子二代出现了独立分配现象。

孟德尔遗传规律的发现成为近代遗传学的基础。

修道士的科学研究

从奥尔米茨大学哲学学院毕业后，对于孟德尔来说，最大的愿望就是找到“一个不必为糊口而没完没了地操心的行业”。他想，只有吃饱，才能更好地搞科学研究。他向老师请教选择什么职业好，老师根据他的经济条件，告诉他：“你当修道士最合适。”

1843 年 10 月，孟德尔正式进入奥古斯丁修道院，成了一名修道士。

这个修道院不仅是朝拜地，而且也是当地的学术中心，追求科学的气氛浓厚，孟德尔来到修道院，如鱼得水。

在修道院的后面，有一个狭长的花园。孟德尔在那儿种植了蓟、南瓜、水杨梅、麻、紫茉莉、菜豆、樱、玉米等植物，还养了蜜蜂、鸟雀、小白

鼠、刺猬等动物。他喜欢动植物，渴望揭开它们身上的奥秘。

生物界里千姿百态的形状、五彩缤纷的颜色是怎么变来的呢？孟德尔觉得这里面一定有文章。

1856 年，为了探索这个问题，孟德尔挑选了 22 种性状不同的豌豆，让它们之间杂交，然后再让下一代杂交。他重点观察、记录了杂交后代中 7 个特征的变化情况，圆的种子，有皱纹的种子；黄的子叶，绿的子叶；白的花，红的花；拱突形荚果，缢缩形荚果；绿色荚果，黄色荚果；轴生的花，顶生的花；高的花茎，矮的花茎……

经过 8 年的试验，孟德尔记录了 2.1 万多株植物的实验结果。他对不同性状在杂交后代中所出现的植株的数量进行了统计分析，结果发现了有趣的现象，当两种不同性状的植物杂交时，它们的下一代统统是一模一样的。如将红花豌豆和白花豌豆杂交，它们的下一代全部都是红花的。

杂交的第一代进行自花授粉，产生的第二代将按照一定的比例，发生性状分离。如将杂交第一代红花豌豆自花授粉，在杂交第二代的群体中，将有 3/4 开红花、1/4 开白花。

不同特征的植株进行杂交时，各个特征都是相互独立、互不干涉的。如把红花、绿色荚果的植株与白花、黄色荚果的植株杂交，它们互不影响，每一个特征都按以上规律遗传。

孟德尔将这些发现写成论文《植物杂交试验》。这篇遗传学上最伟大的著作——“一把打开遗传学宫殿大门的钥匙”就这样被“修道士”发现了。

摩尔根创立基因学说

摩尔根（1866～1945）

摩尔根，美国实验胚胎学家、遗传学家，他出生于弗吉尼亚州列克星敦。

摩尔根在肯塔基大学和霍普金斯大学学习生物学。1933 年获诺贝尔生理学和医学奖。

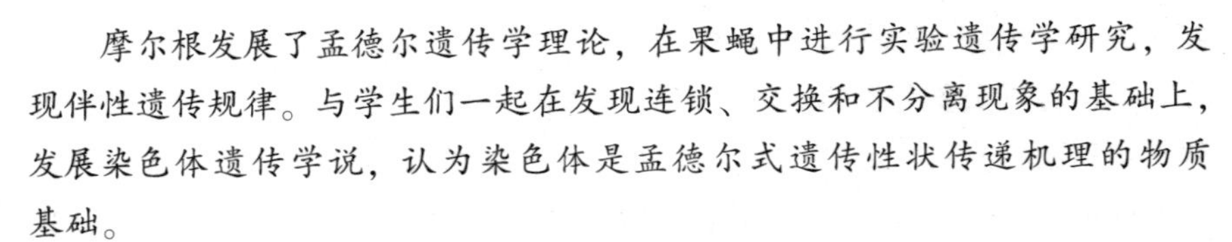

摩尔根发展了孟德尔遗传学理论，在果蝇中进行实验遗传学研究，发现伴性遗传规律。与学生们一起在发现连锁、交换和不分离现象的基础上，发展染色体遗传学说，认为染色体是孟德尔式遗传性状传递机理的物质基础。

摩尔根进一步创立基因学说，认为基因是组成染色体的遗传单位，证明了基因在染色体上占有一定位置，并做直线排列，在个体发育中，一定基因在一定条件下，控制一定代谢过程。这体现在一定遗传特性和特征的表现上，基因可通过突变发生变化。

实验室里的“宠物”

在孟德尔的理论中，指出遗传和变异是由遗传单位所决定的。那么遗传单位又是什么呢?

身为哥伦比亚大学生物学教授的摩尔根，虽然感受到了孟德尔论文的正确指导性，但他对孟德尔的遗传规律还有疑问，他决心要弄清遗传单位的来龙去脉。

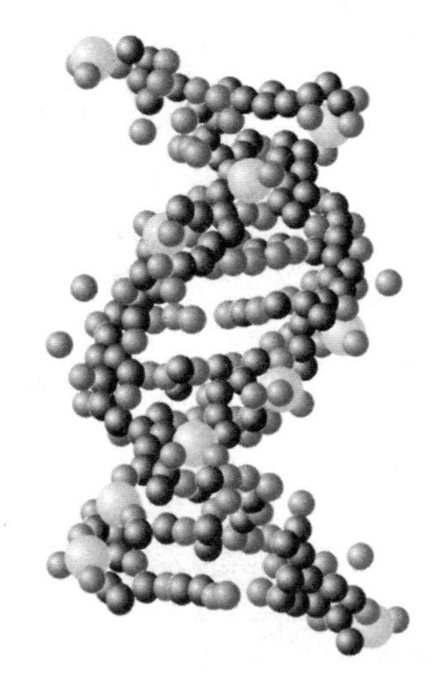

电脑模拟的 DNA 模型

1908 年，作为实验的材料，摩尔根在他的实验室里养了成千上万只果蝇。果蝇有许多优点，它身体小，占地面积也很小，便于研究；饲养很经济，成本很低，容易观察。

从这以后，摩尔根和他的助手天天饲养、观察果蝇。

1910 年的一天，摩尔根偶然发现一个培养瓶里的许多红眼果蝇中有一只白眼雄果蝇。这引起了他的极大兴趣。他让白眼雄蝇与红眼雌蝇交配，结果产生的第一代全是红眼蝇。可是，当他让第一代果蝇相互交配时，产生的第二代既有红眼蝇，也有白眼蝇。红眼蝇与白眼蝇的个体数目

比例接近3∶1，与孟德尔遗传理论的结论相同。这个事实更进一步地证明了孟德尔的理论是正确的。

经过进一步的深入研究，摩尔根证实了孟德尔的理论是完全正确的，而且孟德尔所说的遗传单位就是在染色体上。1915年，他写了《孟德尔遗传机制》一书。在书的前言中，他写道："既然染色体提供了孟德尔规律所要求的那样一种确切的机理，既然有日益增多的资料清楚地指明染色体是遗传单位的携带者，在这样一种清楚的事实面前闭上眼睛，那将是愚蠢的。"像摩尔根这种实事求是的科学作风，一时成了科学界的美谈。

摩尔根曾诙谐地称自己是一头"实验动物"。他整天待在实验室里，与他的"宠物"——果蝇打交道。自从实验取得进展后，他的干劲更足了。他沿着自己开辟的路，乘胜前进。

他的"宠物"也不辜负他的厚爱。摩尔根在它们身上找到了染色体上的基因，这也就是孟德尔所说的遗传单位。

1928年，摩尔根总结他20余年研究果蝇的成果，写出了遗传学名著《基因论》。在书中，他叙述了基因学说的内容。基因学说的创立，吹响了向分子遗传学进军的号角。

弗莱明发现青霉素

弗莱明（1881～1955）

弗莱明，英国细菌学家，出身于苏格兰埃尔郡达尔维尔附近一个农庄主家庭。

他13岁随兄（开业医师）去伦敦，在伦敦运输事务所工作了几年，后入伦敦大学圣玛丽医学院学习。1906年他获医学学士学位，曾获欧洲及美国近20所大学的名誉博士学位。

弗莱明在研究细菌学方面取得了重大成就，他发现了医疗上有重要意义的抗菌素——青霉素。1922年，从植物和动物的分泌液（如鼻分泌液）中发现了一种能杀死某些细菌的物质，称为"溶菌酶"。

1928年，弗莱明发现在培养葡萄球菌的器皿中，被霉菌污染的培养基周围无葡萄球菌溶菌，说明这种霉菌能分泌某种杀灭葡萄球菌或防止其生长的物质，称为青霉素。约15年后，英国病理学家霍华德·弗洛里和德国化学家钱恩进一步肯定其治疗价值，成功研制出青霉素化学制剂。1945年，弗莱明、霍华德·弗洛里和钱恩3人共获诺贝尔生理学和医学奖。

青霉素的发现

葡萄球菌是一种分布最广、对人类健康威胁最大的病原菌。人受伤后伤口化脓就是因为它在作怪。可当时，人们对它没有什么好的对付办法。

在很长的一段时间里，弗莱明致力于葡萄球菌的研究。在他的实验室里，几十个细菌培养皿里都培养着葡萄球菌。弗莱明将各种药物分别加入培养皿中，以便筛选出对葡萄球菌有抑制作用的药物。可是，很多种的药物都不是葡萄球菌的对手。最终实验一次次地失败了。

1928年，弗莱明偶然地发现了青霉素

1928年的一天，弗莱明与往常一样，一到实验室，便观察培养皿里的葡萄球菌的生长情况。他发现一只培养皿里长出了一团青绿色的霉。显然，这是某种天然霉菌落进去造成的。这使他感到懊丧，因为这意味着培养皿里的培养基没有用了。弗莱明正想把这只被感染的培养基倒掉时，却惊奇地发现青霉的周围呈现出一片清澈。凭着多年从事细菌研究的经验，弗莱明立刻意识到，这是葡萄球菌被杀死的迹象。

为了证实自己的判断，弗莱明用吸管从培养皿中吸取一滴溶液，涂在干净的玻璃上，然后放在高倍显微镜下观察。结果，在显微镜下竟然没有看到一个葡萄球菌，这让弗莱明非常高兴。

这青霉为什么有这样大的能耐呢？

弗莱明将青霉接种到其他培养皿培养。他将蘸溶有伤寒菌或大肠杆菌等的水溶液分别放在青霉的培养基上，结果这几种病菌生长得很好。这说明青霉没有抑制这几种病菌生长的作用。而将带有葡萄球菌、白喉菌和炭疽菌的水溶液分别放在青霉培养基上，则这些细菌全部被杀死。

弗莱明又将生长着青霉的培养液稀释800倍，可稀释液仍有良好的杀菌作用。由此，弗莱明断定青霉菌会分泌出一种杀死葡萄球菌的物质。这种物质要是能用在人的身上，那该多好啊！

弗莱明将青霉的培养液注射到老鼠的体内，结果老鼠安然无恙。这说明青霉分泌物没有毒性。弗莱明高兴得差点跳起来。青霉分泌物对葡萄球菌灭杀效果好，而且没有毒性，这不是自己梦寐以求的杀菌药物吗？他想应该可以在人的身上试一试。

试验结果正如他的预料，青霉分泌物的确有奇效，而且对人的身体没有副作用。

不久，弗莱明将这一发现写成论文，于1929年6月发表在《实验病理学》杂志上。他将青霉的分泌物称为“青霉素”。

弗莱明的论文并没有得到学术界的关注，而他本人由于不具备提取青霉素的条件，也只好停止这项研究。

第二次世界大战开始后，英国病理学家霍华德·弗洛里和德国化学家钱恩在查阅文献时，发现了弗莱明的论文。他们决心将弗莱明的研究继续进行下去。这在科学史上，被称为是“青霉素的第二次发现”。终于，青霉素开始大批量地生产了。

在第二次世界大战期间以及此后，青霉素不知挽救了多少人的生命。因此，它被誉为第二次世界大战时期的“三大发明”之一。

巴甫洛夫发现条件反射

巴甫洛夫（1849～1936）

巴甫洛夫，苏联生理学家，出生于梁赞。

巴甫洛夫青年时具有丰富的想象力，细心观察各种昆虫的生活习性。1875 年他毕业于彼得堡大学，获金质奖章。

巴甫洛夫的科学研究大致分为三个时期，属三个领域，即心脏生理、消化生理和高级神经活动生理。巴甫洛夫在大学期间开始研究血液循环，开辟了生理学新分支神经营养学；发现温血动物心脏有特殊营养性神经，能使心跳增强或减弱。

在研究消化腺的过程中，巴甫洛夫创造了多种外科手术，改进实验方法，以慢性实验代替急性实验，长期观察整体动物的正常生理过程，建立现代胃生理学。他发现动物进食时，食物还未入胃，胃即开始分泌胃液。他为了证明这个结论，他对狗进行了“假饲”实验，被誉为 19 世纪最有贡献的实验，1904 年获诺贝尔生理学和医学奖。

巴甫洛夫研究结果表明，大脑和高级神经活动由双重条件反射形成。他指出“意识”、“精神活动”是大脑这个“物质肌肉”活动的产物，同样需要消耗能量。这一结论致命地打击了唯心主义心理学，为创立科学唯物主义心理学奠定了基础。

巴甫洛夫晚年转向研究精神病学，他提出两个信号系统学说。巴甫洛夫的第二信号系统学说揭示出人类特有的思维生理基础，对马克思主义认识论有重大意义。

收服凶恶的大狼狗

有一天，邻居家的大狼狗拴在了门前的大树底下，小巴甫洛夫和一伙孩子正好从这里经过，听到孩子们的声音，大狼狗便汪汪大叫起来，孩子们看见那条平时凶恶的大狼狗，都吓得扭头就跑。而小巴甫洛夫却一点也不害怕，他走到这条大狼狗的身边。

“孩子，离远点，小心它咬着你。”邻居警告他说。

“您为什么不把狗的铁链子给解下来呢?”巴甫洛夫问道。

“这条狼狗很凶，我怕它咬着你们这些整天来森林里玩的孩子。”

“如果你把它的铁链子给解掉以后，我想它就不会再这么凶了。”

小巴甫洛夫一边说着，一边走到了这条大狼狗的身边。十分奇怪的是，小巴甫洛夫离那条大狼狗越近，那条大狼狗就越不叫唤了，并且还十分友好地摇摇尾巴。小巴甫洛夫同情地把那条大狼狗的铁链给解了下来，然后摸了摸大狼狗的头，大狼狗听话地围着小巴甫洛夫转了两圈，便跑到主人的身边去了。

“嘿，你这小子还真有两下子。”

“这没什么，只因为我熟悉狗的习性。”

条件反射的实验

在研究人体的生理实验时，如何才能通过体表，观察到内脏器官的活动呢?

一次偶发的事件，让巴甫洛夫受到了启发。有个猎人因为枪支走火，子弹射进了自己的肚子里。医生救回了猎人的性命，但是伤口却长期不能愈合，只好用消毒纱布盖着腹部，留下了一个通向胃部的小洞（医学上称做“瘘管”）。透过这个瘘管，医生可以清楚地观察到猎人的胃的活动情况。

为什么不通过瘘管来观察动物的器官的活动情况呢?

巴甫洛夫从此开始了生理学发展史上最有意义的实验。

首先，他找来一只用于实验的狗，然后，将狗的胃切开，做了一个通向体外的胃瘘管。接着，又在狗的脖子上开一个口子，将食管切断，然后把两个断头都接到体外。

实验开始了，饥饿的狗像往常一样狼吞虎咽起来，可是这次咽下去的食物半路上却从食管切口掉了出来，又落回到摆在狗面前的食盘里。狗不停地吃着、吞着，可胃却始终空空如也。

巴甫洛夫在实验中

这时，有趣的现象发生了，食物虽然没有进入这只带有瘘管的狗的胃里，但是，狗的嘴巴一动，一开始咀嚼食物，胃就开始分泌胃液。由于胃里没有杂物，胃部的瘘管中就一滴滴地滴下透明纯净的胃液，胃液流入了预先备好的试管内。

这个被称为“假饲”的实验结果显示，食物虽然没有到胃里，但胃已开始分泌胃液。这说明胃液的分泌是大脑通过神经所下的命令，而不是食物直接刺激胃的原因。

揭开面纱，巴甫洛夫发现，原来，大脑是指挥全身各器官的“司令部”，它控制、支配着胃的消化活动。于是，巴甫洛夫又瞄准了下一个目标，研究大脑的活动规律，认识人体的“司令部”。

为了更加方便观察、研究狗的神经活动，巴甫洛夫在狗的面颊上切开一个小口，用导管将唾液腺分泌的唾液引到体外，流到挂在面颊上的漏斗中，再滴入试验用的量杯里。

这样，另一个更富于科学创新的实验就要开始了。

在给狗喂食之前，巴甫洛夫先打开电灯。因为灯光与食物没有任何联系，狗根本不理会，也没有唾液流出来。开灯后立即给狗喂食，狗的唾液就流了出来。

以后，在相当长的一段时间里，给狗喂食时，总是伴随着打开电灯的动作。经过多次重复动作之后，一个奇特的实验现象出现了，只要灯光一亮，即使不喂食物，狗也会流出口水。由此可见，灯光已经和食物一样，成为固定的信号，出现在狗的大脑中。因此狗一见灯光，就做出消化食物的反应，从而流出唾液。

这就是巴甫洛夫发现的“条件反射”实验现象。

数学的发展

自然科学的重要学科——数学方面，有创立解析几何学的法国数学家、物理学家笛卡儿，有科学上的天才德国数学家、物理学家、天文学家高斯……

笛卡儿创立解析几何学

笛卡儿（1596～1650）

笛卡儿，法国数学家、物理学家，出生于法国安德尔—卢瓦尔省。

笛卡儿的最大贡献是创立了解析几何学。在分析了几何学和代数学各自的缺陷以后，他找出了把两者结合起来的方法，这就是解析几何学。笛卡儿的基本思想是，在平面上建立点的坐标，而一条曲线就可以由一个含两个变数的代数方程来表示。这样把一个几何问题通过坐标系归结为代数方程。用代数方程研究这个方程性质后，再翻译成几何语言，就得出几何问题的解法。笛卡儿用这种方法研究了具有两个变数的二次方程，并指出了这种方程一般表示椭圆、双曲线或抛物线。

解析几何学的建立使变数进入了数学，引起了数学的深刻革命，解决了生产和科学技术中的许多重大问题，大大促进了生产和科学技术的发展。

梦中的灵感

那是一个深秋的夜晚，年轻的士兵笛卡儿正躺在军用帐篷里。一缕月光透过帐篷的缝隙照射在床上，让笛卡儿想起了天上的繁星。怎么给天上的每一颗星星确定位置，这是个笛卡儿日思夜想而不得其解的问题。

今晚，他的思绪特别活跃，以至于很难入睡。如果有一张星星的位置图……可是天上的星星那么多，而且星空也不断地变化，怎么可能画好呢？即使画出来了，要寻找某一颗星星时，还得拿出整张图来，多么不方便！要是能用几个简单的数字来表示就好了……

突然，一阵哨声响起，帐篷外传来了教官的脚步声，是教官来查营了。

笛卡儿赶紧起身，敬礼道：“您好，长官！”

教官回礼后，将笛卡儿拉出了帐篷，说：“你不是整天想要用数字来表

示天上的星星的位置吗？”

“是的，长官！”笛卡儿一听到这话，非常兴奋，“可是，怎么表示呢？”

只见教官从身后抽出2支箭，将箭搭成一个“十”字形，并将这“十”字高举过头，对笛卡儿说：“你看，假设我们把天空看成一个平面，这个‘十’字架将平面分成4个部分。再假定这2支箭能朝4个方向射得无限远，那么，无论天上有多少颗星星，每一颗星星只要向这2支箭上分别引出2条垂直线，就可以得到2个数字。这样，这颗星星的位置不就能轻而易举地确定了吗？”

“对呀！”笛卡儿恍然大悟，兴奋不已，猛地抱住了长官……

突然，笛卡儿睁开眼睛，发现自己正紧紧地拥抱军用毛毯呢，根本就没有什么教官！原来只是一个梦。笛卡儿忙用力捏了一下自己的大腿，痛！刚才真的是在梦中。

不过，这个奇特的梦却启示了他。醒来后，笛卡儿马上整理了自己的思路，最后，坐标系在脑海里形成了。

首先，笛卡儿建立了2条数轴，它们之间垂直交叉，交叉点称为原点。这两条数轴分别命名为 x 轴和 y 轴。也就是今天的平面直角坐标系。有了这个坐标系之后，如果平面内有一点，并且已知这点分别到两条坐标轴的垂直距离，即可确定这一点的位置；反之亦然。这样，笛卡儿通过坐标系的建立，确定了平面上的点与有顺序的实数对（x，y）之间的一一对应关系，从而架起了一座沟通几何与代数的桥梁，为后来各门学科的进一步发展提供了简捷的手段。

科学上的天才——高斯

高斯（1777～1855）

高斯，德国数学家、物理学家、天文学家，他出生于不伦瑞克。

高斯童年时就显示出超人的数学才能，11岁发现二项式定理，15岁读完牛顿、拉格朗日等人的著作，并掌握了牛顿的微积分理论，18岁进入格廷根大学。在大学一年级时，他发明用圆规和直尺进行正十七边形的作图法，解决了2000年来悬而未决的几何难题。1801年他发表《算术研究》的重要著作，阐述数论和高等代数的某些问题。

高斯的曲面论是近代微分几何的开端，建立了最小二乘法，并曾发表3部有关著作。早在1818年他就提出关于非欧几里得几何学的思想。

在天文学方面，他创立一种可以计算星球椭圆轨道的方法，能准确预测出行星的位置。

1820~1830年，他写出《高等大地测量学对象研究》一书，并发明“日光反射器”。

1830~1840年，高斯与威廉·韦伯一起建立了电磁学中的高斯单位制(曾以“高斯”作为磁感应强度的单位)，首创电磁铁电报机，还绘出世界上第一张地球磁场图，定出了磁南极和磁北极的位置。

小河边的教训

有一天，小高斯和舅舅在河边玩，看到河的上游漂来一根木头，舅舅问小高斯：“小高斯，你说木头为什么不会沉下去?”

“木头轻呗!”小高斯不假思索地回答。

舅舅弯下腰，拾起一颗小石子，又问：“是这颗石子重还是那根木头重?”

“木头重，大木头重多啦!”

舅舅并不吱声，只见他用力一扔，扑通一声，石子沉到了河底。

舅舅没有给小高斯解释为什么比大木头轻的小石子会沉下去。但是，这件事给小高斯留下了难忘的印象。他认识到，要得到正确的结论，必须有严密的推理。从此，他逐渐养成习惯，遇事一定要问它几个“为什么”。

聪明的儿子

有一天，高斯的父亲——一家小杂货铺的会计正在结算几个人的工资，算了半天，累得满头大汗。

“唉，总算算出来了!”父亲伸了伸懒腰说。

“爸爸，您算得不对！”站在一边的小高斯低声地说。

“你怎么知道的？”父亲不以为然地问一句。

“我是在心里算出来的呀！”高斯天真地说，“不信您再算一遍。”

父亲仔细一核算，果真算错了，而儿子说的总数是对的。他又惊又喜，兴奋地说：“聪明的孩子，过几天爸爸就送你去上学。”

数学中的秘密

老师一进教室便给学生布置课堂作业：“1 加 2、加 3、加 4，一直加到 100，总数是多少？”

学生开始一个数一个数地去加。一会儿，正当大家正紧张地计算时，有人将答案交到老师的讲桌上，这就是高斯。

这时，老师正在看学生们的算稿，心想，这个全班最小的学生准是瞎写了什么或交了白卷。忽然，他的目光落在交来的答案上，被那上面写着的数字“5050”惊呆了。这是正确的答案，高斯没有错。老师愣了好一会儿，才大声地对着高斯说：“你是怎么算出来的？我没教过你别的算法呀！”

“我想，老师教给我们一个数一个数加起来的方法当然是对的，只不过慢了些。”高斯从容不迫地回答，“因为第一个数和末尾那个数、第二个数和末尾第二个数、第三个数和末尾第三个数相加，它们的和都是一样的，等于 101，一共 50 对这样的数，所以总数是 101 乘以 50，就是 5050。”

“算得太妙啦！”老师受到了很大的震动，自言自语地说，“可是我从来没有教过你呀！”

原子学的发展

原子学作为物理学的重要分支学科，已经越来越显示出它的重要性。原子学的代表科学家有提出原子学说的英国化学家、物理学家道尔顿，有在研究放射性现象和原子结构方面取得重大成就的英国物理学家卢瑟福，有致力于研究裂变链式反应，为发展原子弹和原子核反应堆理论作出贡献的美国物理学家费米……

道尔顿的新原子学说

道尔顿（1766～1844）

道尔顿，英国化学家、物理学家，出生于英格兰北部的伊格尔思菲尔德。

道尔顿没受过高等教育，自学数学、哲学、希腊文、拉丁文。

道尔顿的科学研究生涯从气象观测开始。他从1787年起，数十年如一日，进行了2万多次观测、记录；经过一系列实验，1801年总结出气体分压定律。

道尔顿在化学方面提出了定量的概念，总结出3条重要规律，即质量守恒定律、定比定律和化合量（当量）定律。

道尔顿最大贡献是发展了古希腊关于原子的学说，得出新原子学说，被称为道尔顿原子学说。

道尔顿在化学、物理学方面做出了很大贡献，特别是其原子学说为近代化学和原子物理学奠定基础，是科学史上一项划时代的成就。

打不过学生的“校长”

道尔顿12岁时，已经受了足够的教育，按当地的制度他可以自己开办一所学校了。他勇敢地在他父亲的门上钉了一块布告牌，宣告这件大事。他——约翰·道尔顿开办了一个“学习的场所，男女兼收，收费公道”。他并且向未来的学生们宣布，除教他们学习以外，他还“免费供应纸、笔和墨水”。这一附加的广告是很有吸引力的。纸、笔和墨水都是当时英国市面上最难见到的商品。

学校办得很兴隆。学生的年龄大小不一，从小毛头一直到块头大的小伙子和十七八岁的大姑娘们。那些小的坐在年轻老师的膝盖上，咿咿呀呀地学着 A、B、C，但年纪大些的学生们，却不怎么听话。当“校长”想责备他们懒惰时，他们就神气地朝道尔顿的面前一站，对他说：“怎么样？想到教堂边空地上去打一架吗？”

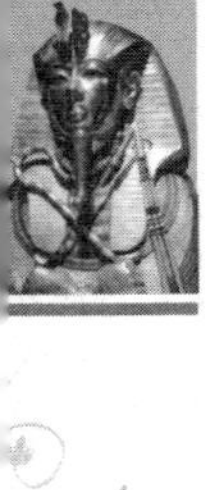

平易近人的道尔顿

有一次，有一个名叫佩利蒂尔的人慕名前来拜访道尔顿。但是当佩利蒂尔到达曼彻斯特时，他被领到一个巷子里，有人把他带到一所破旧房屋的后房里，他看见一位老人站在一个小孩的肩头后面，俯视小孩在石板上所做的计算。这时，佩利蒂尔先生简直不敢相信自己的眼睛。“我现在是在荣幸地和道尔顿先生说话吗？”他问。

“是的，”道尔顿回答，“您请坐一下，好不好？让我先把这孩子的算术弄对。”

同一个雕塑家的作品

一天晚上，有一个名叫兰索姆先生的人来拜访道尔顿，发现他坐在那里，膝上有一只猫，肘下一张报纸，身旁一尊塑像。兰索姆先生对着塑像仔细地看了看，说：“我很高兴，为您的尊容所塑的这个像，是这么逼真。道尔顿先生，后人将会为这件事而感谢不尽的。”

“但你看见的并不是我的像。”这位化学家觉得此话有趣，“它是牛顿先生的像啊！”

兰索姆先生叫了起来：“可这与您太相像了！真的，我该说这倒是奇迹了！”

道尔顿微笑了：“这算不得奇迹。我的朋友，你知道吗？这是同一个人塑出的两尊塑像啊！”

卢瑟福与原子物理

卢瑟福（1871～1937）

卢瑟福，英国物理学家，出生于新西兰纳尔逊城。

1895～1898年他在剑桥大学的卡文迪许实验室学习，成为物理学家约瑟夫·汤姆生的学生和助手。

卢瑟福在研究放射性现象和原子结构方面取得了重大成就。1899年，他发现放射性辐射中的两种成分，并命名为α射线和β射线。接着又发现新的放射性元素钍。1902年在加拿大工作期间，他和英国化学家索迪一道，通过对铀的放射性研究，提出原子自然蜕变的理论。这种理论冲破了原子不可再分的理论，揭开物理学史上新的一页，引起物理学领域和化学领域的革命。由于上述贡献，卢瑟福于1908年获诺贝尔化学奖。

1911年，卢瑟福根据α粒子的散射实验（被称为“卢瑟福实验”），发现了原子核的存在，从而提出原子结构的行星模型。1919年，卢瑟福用放射性元素钋的α粒子轰击氮原子，获得氧的同位素，首次实现了元素的人工蜕变。1920年，他还预言存在中子，认为原子核内部存在某些不带电粒子，能很容易地打入原子核内，或和原子核结合起来，或在它们强大场内蜕变。12年后，这种中子果然被人们所发现，成为轰击原子核的最佳炮弹，为原子核链式反应、释放原子能提供条件。

卢瑟福是一位在科学上作出重大贡献的原子物理学家，后人为纪念他，把他的名字定为放射性强度的单位。

费米与原子物理

费米（1901～1954）

费米，美国物理学家，生于罗马。

费米毕业于比萨大学。1922 年获博士学位。1939 年因受意大利法西斯政权迫害（费米的妻子是犹太人）而移居美国，任芝加哥大学教授。1942 年到新墨西哥州洛斯阿拉莫斯，从事新的研究工作，1945 年 7 月 16 日在那里成功地试验了第一颗原子弹。

费米一生致力于原子物理理论研究工作，为现代基本粒子相互作用理论奠定基础。对中子引起的核反应进行大量工作，提出了热电子扩散理论。

1934 年后，费米致力研究裂变链式反应，为发展原子弹和原子核反应堆理论作出贡献。1942 年，在他的领导下，芝加哥大学建成世界上第一个原子核反应堆。

此外，费米还研究宇宙射线来源，对天体物理学也有一定贡献。

费米因中子方面的研究工作，于 1938 年获诺贝尔物理学奖。

费米的司机

有一次，费米开着普通的小菲亚特汽车参加科学院会议，被科学院门前两位荷枪实弹的警卫挡住，并对他进行盘问。费米心想，要是告诉他们我是费米院士，他们一定不相信，因为几乎所有的院士看起来都十分高贵，而且乘坐的是配有专门司机的豪华大轿车。于是，他对警卫笑着说：“噢，我是费米院士的司机。”没想到这话还真管用，警卫挥手让他把车子开了进去。

劝说总统

科学的进展已经让核武器制造成为可能，如果让希特勒抢先利用科学的成果制成核武器，那世界性的灾难就不可避免了。费米越想越感到可怕，他想一定要说服美国政府，尽快制出原子弹，这样才能避免可能发生的灾难。他和爱因斯坦联名写信，通过总统的科学顾问萨克斯转交给总统。

令人失望的是，罗斯福总统对这事不感兴趣，他说他不懂信中所提及的深奥的科学理论。萨克斯反复向他说明重要性。直到最后，罗斯福总统才说："这些都很有趣，不过政府若在现阶段干预此事，看来还为时过早。"

"好吧，我们不谈。"萨克斯采取了迂回的战略，"我想讲一个历史故事。"接着，他便巧妙地告诉罗斯福总统，法国皇帝拿破仑由于不重视富尔顿发明的蒸汽机军舰，使他丢失了横渡英吉利海峡、征服英国的机会。这是不重视先进科技成果的后果啊！

罗斯福自然知道萨克斯的弦外之音。不过，这故事中的事件，像一口历史的警钟在他耳边敲响。他听完后，将斟满酒的杯子递给萨克斯，说道："你胜利了！"

萨克斯的说服成功，揭开了人类制造原子弹历史的第一页。

技术的革命

科学的历史离不开那些伟大的发明家，正是他们用聪明才智将纯科学的发现应用到我们的日常生活当中来的。他们的代表人物有发明高效纺纱机的英国纺织机发明家哈格里夫斯，有发明蒸汽机的英国发明家瓦特，有发明先进的炼钢法的英国冶金学家、电学家威廉·西门子，有“发明大王”美称的美国电气发明家爱迪生，有发明电话机的美国发明家亚历山大·贝尔，有发明摩托车的美国发明家戴姆勒……

哈格里夫斯发明高效纺纱机

哈格里夫斯（1710～1778）

哈格里夫斯，英国纺织机发明家。

18世纪，英国手工业特别是纺织业有相当大的发展。1733年，织布工人凯改进织布梭子，发明“飞梭”，提高了织布效率，但纺纱机仍只是一个纱锭的手摇原始纺车。

1764年，哈格里夫斯从被绊倒的纺车仍照样转动中得到了启发，经反复研究和多次试验，终于制出由4根木腿组成、机上有滑轨、机下有转轴、可装7个纺锤的纺纱机，用女儿名字命名，叫“珍妮纺纱机”。后经多次改革，他把纺锤逐步增加到18个、30个，直到80个。使用这种纺纱机，一个工人可完成几十人的工作，大大提高了纺纱效率，于是很快被各工厂采用。

珍妮纺纱机的诞生，推动了英国棉纺工业的迅速发展，在英国纺织史上占有重要位置。

梦想成真的木匠

1764年，在英国兰开夏的一个村庄里，有一位木匠叫哈格里夫斯，他的妻子每天都在家纺纱以贴补家用。哈格里夫斯夫妇恩恩爱爱，日子虽然过得清苦些，倒也不失祥和美满。

为了增加收入和减轻妻子的负担，哈格里夫斯回到家常常帮助妻子纺纱织布。

有一次，哈格里夫斯做完木匠活回到家，边帮着纺纱边说：“要是我能琢磨出来一次能纺6根线的纺纱机的话，以后你纺纱就轻松了！”

哈格里夫斯从此脑子里一直在思考着怎样改进纺纱机的构造。

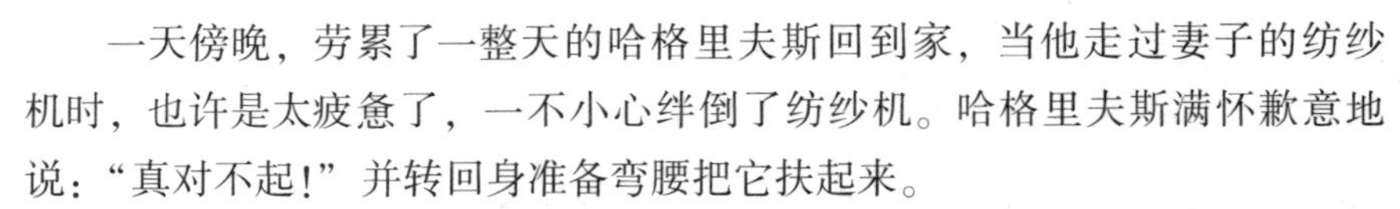

一天傍晚，劳累了一整天的哈格里夫斯回到家，当他走过妻子的纺纱机时，也许是太疲惫了，一不小心绊倒了纺纱机。哈格里夫斯满怀歉意地说：“真对不起！”并转回身准备弯腰把它扶起来。

忽然，哈格里夫斯伸出去的手停在空中，他目不转睛地注意着倒在地上的纺纱机——原来横着使用的纺纱机，倒在地上后变成了立着的纺车，而纺车上的纺锤仍在不停地转动。

“妙极了！”哈格里夫斯高兴地叫了起来。

“怎么回事？”妻子被他搞糊涂了。

哈格里夫斯说：“我想到新纺车的构造了！”

经过反复的试制，哈格里夫斯的纺纱机终于造成了。这种纺纱机是在一个框架的底部安上 7 个绕满粗纱（即纺织纤维）的线轴。在框架上有 7 个锭子，每个线轴都用带子连在一个锭子上。在两个横条之间通过锭子形成一个杆，这样在框架上由纺纱工人操作，使它前后滑动。这样，纺车就能同时纺出 7 根纱线来。

就这样，心灵手巧的木匠哈格里夫斯制成了摆脱手工操作的机械化纺纱机。满怀喜悦的哈格里夫斯夫妇，称它为“珍妮纺纱机”。珍妮是他们小女儿的名字。

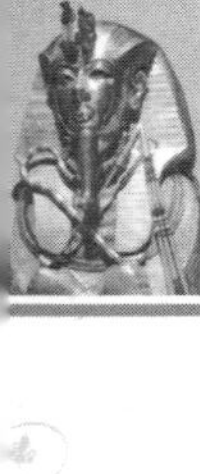

后来，哈格里夫斯精益求精，不断对纺纱机加以改进，最后制成的纺纱机竟能同时纺 80 根纱线！

梦想终于变成了现实。

瓦特发明蒸汽机

瓦特（1736～1819）

瓦特，英国蒸汽机发明家，出身于格拉斯哥一个工人家庭。

由于受家庭影响，瓦特从小就熟悉一些机械制造知识。18 岁他到伦敦一家钟表店当学徒，业余时间刻苦学习、努力实践，很快掌握制造象限仪、罗盘和经纬仪等技术。

人类对蒸汽的认识和利用，经历了一个漫长的历史过程，直到18世纪初，纽科门才制成第一台能把热能转变为机械能、较原始的蒸汽机。

瓦特在格拉斯哥大学修理仪器期间，对纽科门蒸汽机进行深入研究，找出热效率低的主要原因，经试验，发明和汽缸分离的冷凝器。制成单动作蒸汽机，后继续经试验，发明双动作蒸汽机。

瓦特蒸汽机比纽科门蒸汽机大大提高了热效率和可靠性，能驱动各种机器，迅速被各工业部门采用。到19世纪30年代，蒸汽机在全世界广泛应用，工业进入“蒸汽机时代”。

蒸汽机的发明，促进了欧洲18世纪的产业革命。为纪念瓦特这位伟大发明家，人们把常用功率单位定为“瓦特”，简称“瓦”。

会跳舞的壶盖

有一天，瓦特在奶奶家看见火炉上的水开了，水壶盖老在冒着热气的水壶上跳动，他便抱来一只小凳子坐在火炉边看水壶盖在热气腾腾的水壶上舞蹈。

“瓦特，你怎么不出去玩，在这里待着干什么？”

“奶奶，你看水壶盖怎么会在上面乱跳呢？”

“冒气了它就会乱跳啊！”

可瓦特并不满意奶奶的回答，他又问道：“是什么力气在推壶盖？”

“这、这……我也不懂。”奶奶被瓦特问蒙住了。

蒸汽机模型

瓦特回到家后，一连几天都坐在炉子旁，观察壶里水的变化。最后，他终于明白了，水开后，水变成水蒸气，推动壶盖，因此壶盖就会往上跳了。

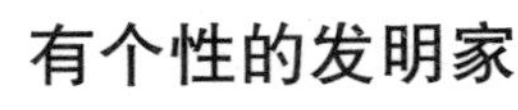

有个性的发明家

瓦特有一种秘而不宣的性格，他有时甚至对自己最好的朋友也信不过。有一次，罗比森没打招呼就闯进了瓦特家的起居室，发现这位发明家正坐在火炉旁，他的膝盖上放着一个小小的马口铁箱。罗比森后来才明白，这就是表面冷凝器，毫无疑问，瓦特当时正在用火炉里烧着的烙铁焊接它。罗比森便立刻开始兴致勃勃地同他谈起这个他们俩都极为关注的问题，而且还向瓦特问起试验的进展如何。瓦特却闭口不回答他的问题，只是默默地坐在那里凝视着炉火。过了很长时间，当罗比森继续追问他的时候，他才终于冷冷地瞅着他，并粗暴地开口说道："老兄，你就不用再操这份心了，我现在已经制成了一台一点蒸气都不会浪费的发动机了。"说完之后，他就把那个小小的马口铁箱放在地板上，用脚把它轻轻地踢到桌子底下，不让人看见。事情就这样过去了，直到后来，罗比森才间接地听说，他这个朋友发明的是一个分离式冷凝器。

威廉·西门子发明先进的炼钢法

西门子（1823～1883）

西门子，英国冶金学家、电学家，出生于普鲁士伦特。

西门子在马格德堡大学和格廷根大学学习，是维勒和韦伯的学生，曾获牛津大学、都柏林大学、格拉斯哥大学博士学位。1859 年入英国籍，1866 年在查尔顿建立冶金工厂。

1856 年，西门子与弟弟弗里德里希·西门子共同发明回热熔化炉，起初用于制造玻璃，后用于钢的熔化和再加热。1864 年，法国工程师皮埃尔·马丁发明平炉炼钢法，用生铁和废钢炼出优质钢。1868 年，西门子用平炉炼钢法把铁和铁矿石炼成钢，平炉炼钢法又称西门子—马丁炼钢法。

在电学方面，西门子与惠斯通、瓦利（主要研究电报通信）同时提出发电机原理，1879 年发明电炉。1883 年在波特拉斯铁路上用电做动力。

西门子还发明测时调速器、回热蒸汽机和冷凝器、水表、水深测量器、电温度计、凹版印刷术等。

亚历山大·贝尔发明电话机

贝尔（1847～1922）

贝尔，美国发明家，出生于苏格兰爱丁堡。

贝尔在爱丁堡大学和伦敦大学学习。贝尔主要研究语音学，在波士顿大学任教期间，进行过利用电流传送声音的试验。1876 年他发明电话。

贝尔还发明光音机、听度计、无痛检查人体内金属的仪器、扁平式和圆筒式录唱机，第一个制成唱片。

为纪念贝尔为人类作出的贡献，后人把电学和声学计量功率或功率密度比值的单位定为“贝尔”。

水磨的改造方案

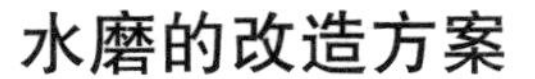

在爱丁堡附近的一个村庄里，人们的生活大部分跟水磨分不开，稻谷去壳，玉米压成粉，麦子碾成面粉都需要水磨来完成。但每当到了水流量小的时候，这样的水磨就会失去作用。这个时候，就只能靠人来推它，特别费劲，大半天也只能干一点活。

有一次，好奇的贝尔亲自去体验了一下推磨的感觉，到了最后他把吃奶的力气都用上了，也没有干出多少活来。

回到家里，贝尔连饭都顾不上吃，就跑到父亲的书里去翻书找资料，结果在父亲的帮助下，小贝尔终于拿出了一个构思巧妙的改造方案。

水磨工人按照小贝尔的这个方案改造了一下老水磨，结果水磨推动起

来果然轻便多了。这件事，培养了他对科学的兴趣。从此，他就成了远近闻名的“小发明家”了。

戴姆勒发明摩托车

1883年，戴姆勒发明了一种热管点火式汽油内燃机。同年12月16日，这种内燃机获得了专利。

在此基础上，戴姆勒于1885年制成了直立式汽油内燃机。它体积小、重量轻、效率高，每分钟大约600转，输出功率为0.5马力。

戴姆勒的儿子鲍尔·戴姆勒是一位自行车骑手。他有一辆心爱的木制自行车。看到父亲研制出了体积小、重量轻效率高的内燃机，便向父亲建议道：“爸爸，您那‘宝贝’可以装到我的车上吗?”

“行啊，我看完全可以。”

于是，戴姆勒就将直立式汽油内燃机装在自行车上，并装上两档变速器。世界上第一辆摩托车就这样诞生了。不过，当时并不叫摩托车，而是叫“机器脚踏车”。

1885年11月，鲍尔·戴姆勒试骑这辆摩托车。只见他自豪地坐在车上，手扶着把手，脚踩着踏板，打开油门，车便向前冲去。

围观的人对这不用脚踩的自行车感到惊奇，他们不断地欢呼、鼓掌。

经试骑3公里，证实它的性能还不错。

戴姆勒此后被人称为“摩托车之父”。